普通高等教育"十二五"工程训练系列规划教材

金工实习指导教程

夏延秋 吴 浩 等编著

机械工业出版社

本书是根据教育部颁布的"工程材料及机械制造基础"的教学基本要求，结合华北电力大学实训中心的实际现状，并参考兄弟院校的教学书籍编写而成的，全书共分为 12 章，包括传统加工和现代加工两个部分。其中，第 1 章为基础知识，主要内容为工程材料及改性技术基础，第 2~7 章为传统加工内容，包括铸造、锻造、焊工、车工、铣工和钳工等内容；第 8~12 章为现代加工内容，包括软件数控加工、CAD 软件、电火花加工、激光加工和三维快速成形等内容。

本书既可以作为工程训练的实习教材，也可以作为培训教材或参考书。

图书在版编目（CIP）数据

金工实习指导教程/夏延秋等编著. —北京：机械工业出版社，2015.8
（2025.1 重印）

普通高等教育"十二五"工程训练系列规划教材

ISBN 978-7-111-51225-7

Ⅰ. ①金… Ⅱ. ①夏… Ⅲ. ①金属加工-实习-高等学校-教材

Ⅳ. ①TG-45

中国版本图书馆 CIP 数据核字（2015）第 189354 号

机械工业出版社（北京市百万庄大街 22 号　邮政编码 100037）
策划编辑：丁昕祯　责任编辑：丁昕祯　责任校对：陈延翔
封面设计：张　静　责任印制：单爱军
北京虎彩文化传播有限公司印刷
2025 年 1 月第 1 版第 15 次印刷
184mm×260mm · 8.25 印张 · 193 千字
标准书号：ISBN 978-7-111-51225-7
定价：25.00 元

电话服务

客服电话：010-88361066
　　　　　010-88379833
　　　　　010-68326294

封底无防伪标均为盗版

网络服务

机　工　官　网：www.cmpbook.com
机　工　官　博：weibo.com/cmp1952
金　书　网：www.golden-book.com
机工教育服务网：www.cmpedu.com

前　言

随着现代工业的发展，高校对工程实践教学提出了越来越高的要求，加强工程实践训练是高等教育改革的必然选择，目前工程实践训练已经成为培养高素质工科人才不可缺少的一个重要环节。为了提高工程训练的教学质量，更好地培养学生的工程实践能力、创新意识、团队合作精神，结合华北电力大学工程训练的实际现状，编写了本书。

目前，国内工科院校都有自己的工程训练中心，并且工程训练已从传统的车、铣、刨、磨、钳、铸、锻、焊等传统训练项目，发展到数控车、数控铣、加工中心、线切割等先进制造技术的训练项目，三维扫描、三维打印、激光加工等已经成为我校工程训练的一部分。工程训练是大学生人生第一次与机械设备接触，第一次亲手加工和制造零部件，将动手设计与制造有机结合起来，必将为理工科后续的技术课和专业课学习打下基础。

近年来，各院校工程训练中心已从单一的认识和使用基本工具、各类仪器仪表以及基本操作技能的培训发展到开放式创新训练，如学生自由组合（每组成员 5~8 人），根据指导老师的要求或团队设想设计作品，根据需要自行将任务分成若干模块，在项目训练中让学生自己进行产品设计、安排工艺流程、独立进行操作、灵活安排进程、独立对结果进行分析评定，并最终组合制造出成品。由传统金工实习向工程训练转变，由单纯技能训练型的教学模式向以工程训练为主的教学模式转化，从简单操作的训练逐步发展到设计与加工并重的综合训练，传达由"中国制造"转变为"中国创造"的理念，从而强化学生对工程创新思维与方法的掌握，指导学生亲手完成创意小制作。教学模式也从"技能型"向"学科型"的创新模式转变，这种模式的实践训练强调了训练的实践探索性，对学生来说是一种全新的实践模式，学生具有一定的自主性，打破了被动做实验的局面，营造了一种充分展示个性、激发创新精神和工程意识的实验新格局，有利于提高学生学习的主动性和自觉性，更有利于发挥学生的聪明才智，培养学生的实践能力。其目的是通过实践教学，面向未来工程人才的素质要求，重点突出工程实践能力、设计能力和创新能力培养。形成具有以"强化战略思维以及提升创造力与设计能力"为核心，鼓励更多的师生参与"以创新设计为核心"的工程训练，以适应工业智能化和创新为主的智能化社会。

为此，本书编导遵循下列基本原则：在参考兄弟院校相关教材和教学体系的前提下，按照《工程材料及机械制造基础系列课程教学基本要求》和《重点高等工科院校工程材料及机械制造基础系列课程改革指南》，将传统与现代和创新结合起来，将教师传授知识与学生能力培养之间的关系，学生综合素质提高与创新思维能力培养之间的关系，教材的内容、体系与教学方法之间的关系，常规教学手段与现代教育技术之间的关系有效地结合起来。

本书具有下列特色：

1）本书基于二十大报告中关于"深入实施科教兴国战略、人才强国战略、创新驱动发展战略"的要求，在详细讲授基础理论知识的同时融入探索性实践内容，以增强学生的自信心和创造力，即用学科理论知识促进学生活跃思维、敢于创新，尽可能地将新思路在实践中进行创造性的转化，推动科学技术实现创新性发展。

2）重视基础知识，精选传统内容，注重现代加工知识，培养学生更好地适应社会发展的需要，并兼顾个人的长远发展。

3）重视新技术、新理论、新材料、新工艺、新方法的引进，力求使教材内容具有科学性、先进性、时代性，以及工程训练和创新实践的可操作性。

4）重视教材各章节间内容的逻辑关系，让学生完成从简单操作到创新设计和制造的衔接。

5）重视工程实践与教学实验，教材做到深入浅出，图文并茂，表格清晰，让学生感觉到课程的新颖，对操作过程重点讲解，引导学生通过实践训练发展自己的工程实践能力。

6）重视创新设计，培养学生，解决设计和制造中的问题，培养创新思维能力和群体协作能力。

7）重视综合素质提高，引导学生通过系统训练建立责任意识、安全意识、质量意识、环保意识和群体意识，为毕业后更好地适应社会不同工作的需要创造条件。

参加教材编写的有夏延秋、吴浩、胡湘红、刘兴云、杨雪梅、高充和李竑伟。由于水平所限，书中仍会有错误或不足之处，恳请读者提出宝贵意见，以便我们及时改正。

编　者

目　　录

第1章 工程材料及其改性技术基础

1.1 工程材料的性能

材料的性能包括使用性能和工艺性能。使用性能是指材料在使用过程中表现出来的性能，包括力学性能和物理、化学性能等；工艺性能是指材料对各种加工工艺适应的能力，包括铸造性能、锻造性能、焊接性能、切削加工性能和热处理工艺性能等。

1.1.1 力学性能

金属材料的力学性能是材料在力的作用下所表现出来的性能。力学性能对金属材料的使用性能和工艺性能有着非常重要的影响。金属材料的力学性能有：强度、塑性、硬度、韧性、疲劳强度等。在机械制造行业中，采用工程材料制成机械零件，这些机械零件在使用中要承受外力。如果外力作用使零件破坏或不能正常使用，称为失效。机械零件的设计过程是根据工程材料的性能，保证零件在使用期间不会发生失效。

衡量工程材料力学性能的指标主要有强度（屈服强度、抗拉强度）、硬度和冲击韧性，其中：

屈服强度：材料所能承受外力作用而不发生塑性变形的最大应力值。

抗拉强度：抵抗外力作用而不发生断裂的最大应力值。

硬度：抵抗异物侵入的能力。

冲击韧性：抵抗外力冲击作用的能力。

这些性能指标是通过试验结果来表征该材料性能的量化指标。

（1）强度 材料在外力作用下抵抗变形和断裂的能力称为材料的强度。根据外力的作用方式，材料的强度分为抗拉强度、抗压强度、抗弯强度和抗剪强度等。工程上多以弹性极限、屈服点和抗拉强度作为基本的强度指标，强度单位为 MPa（MN/m^2）。

弹性极限外力去掉后，变形立即恢复，这种变形称为弹性变形，其应变值很小，在不出现塑性变形前的最大应力称为弹性极限。

屈服点超过弹性极限后，曲线较为平坦，不需要进一步的增大外力，便可以产生明显的塑性变形，该现象称为材料的屈服现象。当金属材料呈现屈服现象时，在试验期间达到塑性变形发生而力不增加的应力称为屈服强度。

抗拉强度经过一定的塑性变形后，必须进一步增加应力才能继续使材料变形。材料抵抗外力而不致断裂的最大应力值为抗拉强度。

（2）强度试验与强度极限 外力作用于工程材料表面，并在工程材料内部传递，就会形成内应力。当内应力达到一定值时，材料会发生破坏。外力作用分为两类，即拉力和压力，一般都将工程材料制成如图 1-1 的试样，试样直径为 D，两端较粗的为夹持部位。

将试样的夹持部位固定在拉力试验机上，逐步增大试验拉力。随着拉力增大，试样也在伸长，在达到一定实验拉力 F_e 以前，松开试样能恢复原有长度，这个阶段称为弹性变形阶段，材料性能满足物理学上的胡克定律。超过拉力 F_e 以后，松开试样就不能恢复原有长度，就进入塑性变形阶段。当达到拉力 F_m 时，即使不增大拉力，试样也在伸长，并出现局部变细，称为颈缩，直至试样断裂。

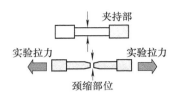

图 1-1　拉伸试样和颈缩

也有的材料试样不发生明显塑性变形就出现断裂，这类材料被称为脆性材料。而那些有比较明显塑性变形阶段的材料称为塑性材料，材料的塑性可以用断裂后试样截面积的最大缩减量 $(S_o - S_n)$ 与原始截面积 S_o 之比的百分数表示，称为断面收缩率 Z；也可以用试样拉断后标距长度的伸长量与标距原始长度比值的百分数表示，称为断后伸长率 A。

材料发生屈服时，屈服强度指金属材料呈屈服现象时，发生塑性变形而力不增加的应力点，分上屈服强度和下屈服强度。上屈服强度指试样发生屈服而力首次下降前的最高应力 (R_{eH})；下屈服强度指在屈服期间不计初始瞬时效应时的最低应力 (R_{eL})。

（3）硬度试验与硬度　材料抵抗硬物体压入的能力称为硬度。

硬度试验如图 1-2 所示，在硬度试验机上，采用不同材质和形状的试验压头，在标准试验压力作用下，压入材料表面，然后测量留在材料表面压痕的面积或深度，来表征材料的硬度。

常用的材料硬度试验设备有布氏硬度计、洛氏硬度计和维氏硬度计，其中，布氏硬度常用单位是 HBW，洛氏硬度常用单位是 HRA ~ HRC，维氏硬度单位是 HV，硬度数值越大，则表示被实验材料的硬度越高。

（4）冲击试验与冲击韧性　材料在冲击载荷作用下抵抗变形和断裂的能力称为冲击韧性，常采用一次冲击试验来测量。

冲击试验先将材料制成如图 1-3 所示的标准试样，然后固定在冲击实验机上。实验机摆锤利用 h_1 高度势能冲击试样，试样会从缺口处断开。冲断试样后摆锤仍会继续摆动，并达到一定的高度势能 h_2。冲击实验中摆锤所消耗的冲击功与实样缺口断面面积的比值为该材料的冲击韧性 a_K，单位是 J/cm^2。

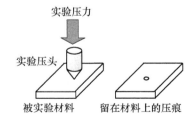

图 1-2　硬度测试和压痕

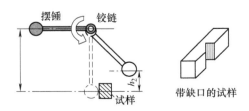

图 1-3　冲击试验与试样

（5）疲劳强度　机械零件，如轴、齿轮、轴承、叶片、弹簧等，在工作过程中各点的应力随时间做周期性的变化，这种随时间做周期性变化的应力称为交变应力（也称循环应力）。在交变应力的作用下，虽然零件所承受的应力低于材料的屈服强度，但经过较长时间的工作后产生裂纹或突然发生完全断裂的现象称为金属的疲劳。

材料在无限多次交变载荷作用下，不会产生破坏的最大应力，称为疲劳强度或疲劳极限。实际上，金属材料并不可能做无限多次交变载荷试验。一般试验时规定，钢在经受 10^7 次，非铁（有色）金属材料经受 10^8 次交变载荷作用而不产生断裂时的最大应力称为疲劳强度。

为了防止或减少零件的疲劳破坏，除应合理设计结构防止应力集中外，还要尽量减小零件表面粗糙度值，采取表面硬化处理等措施来提高材料的抗疲劳能力。

1.1.2　物理、化学性能

（1）物理性能　工程材料的物理性能包括密度、熔点、导热性、导电性、热膨胀性和磁性等，各种机械零件由于用途不同，对材料的物理性能要求也有所不同。

（2）化学性能　金属及合金的化学性能主要指它们在室温或高温时抵抗各种介质的化学侵蚀能力，主要有耐蚀性、抗氧化性和化学稳定性。

1.1.3　工艺性能

材料的工艺性能是物理、化学和力学性能的综合，指的是材料对各种加工工艺的适应能力，包括成型性、可锻性、焊接性、可加工性和热处理性能。工艺性能的好坏直接影响零件的加工质量和生产成本，所以它也是选材和制订零件加工工艺必须考虑的因素之一。有关工艺性能的内容在后续章节会专门讨论。

1.2　工程材料基础

1.2.1　工程材料的分类

在工程上通常按材料的化学成分、结合键的特点将工程材料分为金属材料、高分子材料、陶瓷材料及复合材料等几大类。

（1）金属材料　由于金属材料具有良好的力学性能、物理性能、化学性能及工艺性能，因此金属材料是目前应用最广泛的材料。工业上通常把金属材料分为两大类：一类是黑色金属，它是指铁、锰、铬及其合金，其中以铁基合金——钢和铸铁应用最广，占整个结构和工具材料的80%以上。另一类是有色金属，它是指除黑色金属以外的所有金属及其合金，如铝及其铝合金、铜及铜合金等。

（2）高分子材料　高分子材料是指相对分子质量很大的化合物，它们的相对分子质量可达几千甚至几百万以上。高分子材料包括塑料、橡胶等。因其原料丰富，成本低，加工方便等优点，发展极其迅速。

（3）陶瓷材料　陶瓷材料是指以天然硅酸盐（粘土、石英、长石等）或人工合成化合物（氮化物、氧化物、碳化物等）为原料，经粉碎、配置、成型和高温烧结而成的无机非金属材料。

陶瓷材料一般归纳为工程陶瓷和功能陶瓷两大类。

（4）复合材料　采用两种或多种物理和化学性能不同的材料，制成一种多相固体材料，称为复合材料。复合材料是由基体材料（树脂、金属、陶瓷）和增强剂（颗粒、纤维、晶须）复合而成，它既保持所组成材料的各自特性，又具有复合材料的新特性。

1.2.2　钢铁材料基础

每年世界上约有 6000 种新型材料诞生，目前在机械制造行业使用的主要是金属材料，其中钢约占 75%，其他为铜、铝等有色金属。

金属经过冶炼过程，从液态结晶成固态。在结晶过程中生成很多晶粒，这些晶粒一直成长到互相之间构成边界为止。铁碳合金晶粒的大小、晶粒内部结构、铁素体和渗碳体的形状与分布状态等被称为组织。

当化学成分相同的钢材具有不同组织时，其力学性能会有很大差异。如图 1-4 所示，一般认为组织致密而均匀的材料综合力学性能比较良好。

粗大晶粒　　　　细小晶粒

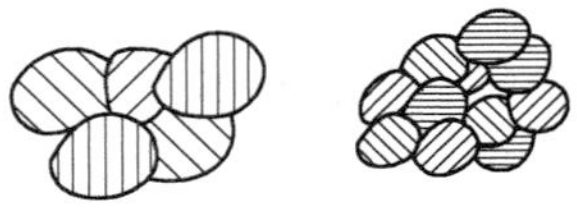

图 1-4　钢的组织示意图

（1）钢的分类　钢的分类方法很多，下面介绍几种常用的分类方法。

1）按钢的化学成分分类。

$w_C < 2.11\%$ 的铁碳合金称为碳素钢。碳素钢按照 w_C 可分为：

低碳钢：$w_C \leq 0.25\%$；中碳钢：$0.25\% < w_C \leq 0.60\%$；高碳钢：$w_C > 0.60\%$。

为了提高钢的某些性能或获得某种特殊的性能，炼钢时特意加入某种或几种元素，这样得到的钢称为合金钢。按照合金元素的质量分数分类：

① 低合金钢。其中全部合金元素总的质量分数 $w_{Me} \leq 5\%$。

② 中合金钢。其中全部合金元素总的质量分数 $5\% \leq w_{Me} \leq 10\%$。

③ 高合金钢，其中全部合金元素总的质量分数 $w_{Me} \leq 10\%$。

2）按钢的用途分类。

① 结构钢。这类钢主要用于制造各类工程构件（如桥梁、船舶、建筑物等）及各种机器零件（如齿轮、螺钉、螺母、连杆等）。

② 工具钢。这类钢主要用于制造各种刀具、量具和模具。

③ 特殊性能钢。具有特殊的物理或化学性能的钢，主要有耐热、耐磨钢和不锈钢等。

3）按钢的质量分类。主要按钢中有害杂质硫、磷含量不同分为：普通质量钢（$w_S \leq 0.05\%$，$w_P \leq 0.045\%$）、优质钢（w_S、$w_P \leq 0.035\%$）、高级优质钢（w_S、$w_P \leq 0.03\%$）。

（2）碳素钢的牌号及用途

1）普通碳素结构钢。普通碳素结构钢是工程上应用最多的钢种。牌号由代表屈服强度的拼音字母"Q"、屈服强度数值（单位为 MPa）、质量等级符号、脱氧方法等组成。质量等级 A、B、C、D，表示硫、磷含量不同，其中 A 级质量最低，D 级质量最高；脱氧方法用 F（沸腾钢）、B（半镇静钢）、Z（镇静钢）、TZ（特殊镇静钢）表示，牌号中的"Z"和"TZ"可以省略。例如 Q235AF，表示屈服强度为 235MPa，质量等级为 A 级的沸腾普通碳素结构钢。

碳素结构钢具有较高的强度和良好的塑性、韧性，工艺性能（焊接性、冷变形成形性）优良，用于一般工程结构、普通机械零件，如建筑、桥梁、螺钉等。在热轧态直接使用。

2）优质碳素结构钢。这类钢中有害杂质及非金属夹杂物含量较少，化学成分控制得较严格，塑性和韧性较高，多用于制造较重要的零件。优质碳素结构钢牌号由两位数字或数字与特性符号组成。以两位阿拉伯数字表示碳的平均质量分数（以万分之几计）。沸腾钢和半镇静钢在牌号尾部分别加符号"F"和"B"，镇静钢一般不标符号。较高含锰量的优质碳素结构钢，在表示平均碳的质量分数的阿拉伯数字后面加锰元素符号。例如：$w_C = 0.45\%$的钢，其牌号表示为"45"。高级优质碳素结构钢，在牌号尾部加符号"A"。

优质碳素结构钢主要用来制造各种机械零件，一般须经热处理后使用，以充分发挥其性能潜力。

3）碳素工具钢。碳素工具钢牌号一般由代表碳的符号"T"与阿拉伯数字组成，其中数字表示碳的平均质量分数（以千分之几计）。例如 T12A 钢，表示 $w_C = 1.2\%$ 的高级优质碳素工具钢。碳素工具钢生产成本较低，加工性能良好，可用于制造低速、手动刀具及常温下使用的工具、模具、量具等，在使用前要进行热处理。

1.2.3　合金钢的牌号与用途

（1）合金结构钢的编号　合金结构钢的编号是以"两位数字 + 元素符号 + 数字 + …"的方法表示。两位数字表示碳的平均质量分数的万分率，用元素的化学符号表明钢中主要合金元素，质量分数由其后面的数字标明，一般以百分之几表示。凡合金元素的平均含量小于 1.5% 时，钢号中一般只标明元素符号而不标明其含量。如果平均质量分数为 1.5% ~ 2.49%、2.5% ~ 3.49%……时，相应地标以 2、3……。如为高级优质钢，则在其钢号后加"A"。例如 60Si2Mn 表示 $w_C = 0.60\%$，主要合金元素 $w_{Mn} = 1.5\%$，$w_{Si} = 1.5\% ~ 2.5\%$ 的合金结构钢。

（2）合金工具钢的编号　合金工具钢的牌号以"一位数字（或没有数字）+ 元素 + 数字 + …"表示。编号方法与合金结构钢大体相同，区别在于含碳量的表示方法，钢号前表示其平均含碳量的是一位数字，为其千分数，当 $w_C \geqslant 1.0\%$ 时，则不予标出。合金工具钢 5CrMnMo，平均碳质量分数为 0.5%，主要合金元素 Cr、Mn、Mo 的质量分数均在 1.5% 以下。

高速工具钢是一类高合金工具钢，其钢号中一般不标出含碳量，仅标出合金元素符号及其平均含量百分数。如 W18Cr4V 钢的合金元素含量则约为 $w_W = 18\%$、$w_{Cr} = 4\%$ 和 $w_V = 1\%$，$w_C = 0.7\% ~ 0.8\%$。包括刃具钢、量具钢和模具钢等，主要用于制造各种重要的工具。

（3）特殊性能钢的编号　特殊性能钢的牌号的表示方法与合金工具钢的表示方法基本相同，如不锈钢 95Cr18 表示钢中碳的平均质量分数为 0.95%，铬的平均质量分数为 18%。但也有少数例外，不锈钢、耐热钢在碳质量分数较低时，表示方法有所不同，若碳的平均质量分数小于 0.08% 时，则在钢号前冠以"06"来表示其平均质量分数，如 06Cr18Ni9。特殊性能钢包括耐热钢、不锈钢、耐磨钢等，主要用于制造有特殊物理、化学、力学性能要求的工件。

1.2.4　铸铁的牌号与用途

铸铁是 $w_C > 2.11\%$ 的铁碳合金。工业上所用铸铁的碳的质量分数一般为 2.5% ~ 4.0%，硅、锰、硫、磷等杂质的含量比钢高。与钢相比，虽然铸铁的抗拉强度、塑性、韧度较差，但是由于它具有良好的减振性、耐磨性、抗压强度和易于铸造、切削加工，而且价格低等优势，在工业上得到广泛应用，尤其在机床、汽车、拖拉机等制造业中占有重要地位。根据碳在铸铁中的存在形式不同，可以将铸铁分为以下几种类型。

（1）白口铸铁　白口铸铁中的碳绝大部分以渗碳体的形式存在（少量的碳溶入铁素

体），因其断口呈白亮色，故称白口铸铁。其组织中都含有莱氏体组织。由于性脆，很难加工，工业上很少用来做机械零件，主要用于炼钢原料或表面要求高耐磨的零件。

（2）灰铸铁　灰铸铁中的碳全部或大部分以石墨的形式存在，其断口呈灰暗色。灰铸铁石墨呈片状形态，具有较高的抗压强度和耐磨性，以及良好的铸造性能和切削加工性能，成本低，主要用于制造机床床身、底座、齿轮箱发动机缸体等。

灰铸铁的牌号以"HT"和三位数字组成。其中数字表示最低抗拉强度值，如 HT200 表示最低抗拉强度值为 200MPa 的灰铸铁。

（3）球墨铸铁　球墨铸铁中的石墨呈球状形态，其强度可以与钢相比，有一定的塑性和韧度，耐热性、耐蚀性和耐磨性也较好，并且具有好的铸造性、可加工性和减振性。可用于制造柴油机的曲轴、连杆、齿轮、凸轮轴等受力复杂、载荷较大的重要零件。

球墨铸铁的牌号以"QT"和两组数字组成。前一组数字表示最低抗拉强度值，后一组数字表示断后伸长率。如 QT600—02 表示最低抗拉强度值为 600MPa，断后伸长率不小于 2% 的球墨铸铁。

（4）可锻铸铁　可锻铸铁中的石墨呈团絮状形态，它是由白口铸铁经退火获得的，与灰铸铁相比具有较高的强度，较好的塑性和韧度，故被称为可锻铸铁，但实际并不可锻造。主要用于制造形状复杂、承受冲击载荷的薄壁中小零件，如汽车、拖拉机的制动器、管接头等。

可锻铸铁的牌号以"KTH"、"KTB"和两组数字组成。前一组数字表示最低抗拉强度值，后一组数字表示断后伸长率。如 KTH300—06 表示最低抗拉强度值为 300MPa，断后伸长率不小于 6% 的黑心可锻铸铁，如 KTB450—06 表示最低抗拉强度值为 450MPa，断后伸长率不小于 6% 的白心可锻铸铁。

（5）蠕墨铸铁　蠕墨铸铁中的石墨呈蠕虫状形态，性能介于相同基体组织的球墨铸铁和灰铸铁之间，强度、韧性、疲劳强度、耐磨性及耐热疲劳性比灰铸铁高，断面敏感性也小，但塑性、韧性都比球墨铸铁低。蠕墨铸铁的铸造性能、减振性、导热性及可加工性优于球墨铸铁，抗拉强度接近球墨铸铁，主要用于排气管、变速箱体、气缸、液压件、钢锭模具等。

蠕墨铸铁的牌号由 RuT 和一组数字组成。数字表示最小抗拉强度值（MPa）。如 RuT340 表示最低抗拉强度值为 340MPa 的蠕墨铸铁。

（6）麻口铸铁　麻口铸铁中碳的形态介于白口铸铁和灰铸铁之间，一部分以渗碳体形式存在，另一部分以石墨形式存在，具有较大的硬脆性，工业上很少用作机械零件。

1.3　钢的热处理

钢的热处理是将钢在固态下加热到预定的温度，保温一定时间，然后以预定的方式冷却到室温，来改变其内部的组织结构，以获得所需性能的一种热加工工艺。热处理可大幅度改善金属材料的工艺性能和使用性能，绝大多数机械零件必须经过热处理后方可使用。正确的热处理工艺还可以消除钢材经铸造、锻造、焊接等热加工工艺造成的各种缺陷，细化晶粒、消除偏析、降低内应力，使组织和性能更加均匀。

热处理可以分为普通热处理（包括退火、正火、淬火和回火等）和表面热处理（包括表面淬火处理和化学热处理等）两种。

1.3.1　钢的普通热处理

钢的普通热处理工艺是指根据钢在加热和冷却过程中的组织转变规律制订的具体加热、保温和冷却的工艺参数。热处理工艺曲线如图 1-5 所示。

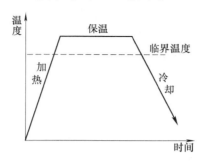

图 1-5　热处理工艺曲线

退火和正火是生产中应用很广的预备热处理工艺，安排在铸造、锻造之后，切削加工之前，用以消除前一道工序所带来的某些缺陷，为随后的工序做准备。例如，经铸造、锻造等热加工以后，工件中往往存在残余应力，硬度偏高或偏低，组织粗大，成分偏析等缺陷，经过适当的退火或正火处理可使工件的内应力消除，调整硬度以改善切削加工性能，使组织细化、成分均匀，从而改善工件的力学性能并为随后的淬火作准备。对于一些受力不大、性能要求不高的机器零件，也可作最终热处理。

（1）退火　退火是把钢加热到适当的温度，经过一定时间的保温，然后缓慢冷却（一般为随炉冷却），以获得接近平衡状态组织的热处理工艺。其主要目的是减小钢的化学成分及组织的不均匀性，细化晶粒，降低硬度，消除内应力，以及为淬火做好组织准备。

退火的种类很多，根据加热温度可分为完全退火、球化退火、扩散退火、再结晶退火及去应力退火等，如图 1-6 所示。

1）完全退火。完全退火又称重结晶退火，是把钢加热至 $800 \sim 900℃$ 并保温一定时间后随炉缓冷的工艺。完全退火的目的在于，通过完全重结晶，使热加工造成的粗大、不均匀的组织均匀并细化，以提高性能；或使中碳以上的碳钢和合金钢得到接近平衡状态的组织，以降低硬度，改善可加工性。由于冷却速度缓慢，还可消除内应力。

2）球化退火。球化退火是在 $760 \sim 830℃$ 的温度下加热，保温较长时间后缓冷到 $600℃$ 以下，再出炉空冷的热处理工艺。

球化退火的目的是使二次渗碳体及珠光体中的渗碳体球状化（退火前正火将网状渗碳体破碎），以降低硬度，改善切削加工性能，并为以后的淬火做组织准备。

3）扩散退火。为减少钢锭、铸件或锻坯的化

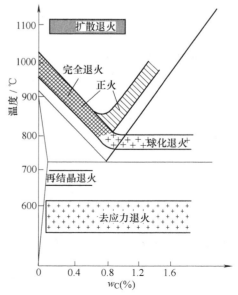

图 1-6　各种退火与正火的加热温度范围

学成分和组织不均匀性，将其加热到略低于固相线（固相线以下 100～200℃）的温度，长时间保温（10～15h），并进行缓慢冷却的热处理工艺，称为扩散退火或均匀化退火。其目的是为了消除晶内偏析，使成分均匀化，其本质是使钢中各元素的原子在奥氏体中进行充分扩散。

4）去应力退火。为消除铸造、锻造、焊接和切削、冷变形等冷热加工在工件中造成的残余内应力而进行的低温退火，称为去应力退火。去应力退火是将钢件加热至低于 Ac_1 的某一温度（一般为 500～650℃），保温后随炉冷却，这种处理可以消除约 50%～80% 的内应力。

（2）正火　钢材或钢件加热到 800～900℃，保温适当时间后，在自由流动的空气中均匀冷却的热处理工艺称为正火。

正火与完全退火相比，二者加热温度相同，但正火冷却速度较快，转变温度较低，所得的组织比退火细。因此，正火钢的强度、硬度较高，生产率较高。

正火工艺是比较简单经济的热处理方法，在生产中应用较广泛。

从改善切削加工性能的角度出发，低碳钢宜采用正火；中碳钢既可采用完全退火，也可采用正火；$w_c=0.45\%～0.6\%$ 的高碳钢则必须采用完全退火；$w_c>0.8\%$ 的钢用正火消除网状渗碳体后再进行球化退火。

（3）淬火　将工件加热到一定温度（一般大于 750℃）保温后，快速冷却（一般在水、盐水或油等介质中冷却），使奥氏体转变为马氏体（或下贝氏体）的热处理工艺称为淬火。

马氏体强化是钢的主要强化手段，例如：T8 钢退火后硬度约为 25HRC，用水淬火后硬度可达 60～62HRC。因此淬火的目的就是提高钢的强度、硬度和耐磨性。淬火是钢的最重要的热处理工艺，也是热处理中应用最广的工艺之一。

1）淬火温度的确定。淬火温度即钢的奥氏体化温度，是淬火的主要工艺参数之一。它的选择应以获得均匀细小的奥氏体（符号为 A）组织为原则，使淬火后获得细小的马氏体组织。为防止奥氏体晶粒粗化，其加热温度一般限制在临界点以上 30～50℃ 范围。图 1-7 是碳钢的淬火温度范围。如 20 钢的淬火加热温度约为 920℃；45 钢的淬火加热温度约为 840℃；T8 钢的淬火加热温度约为 790℃ 等。

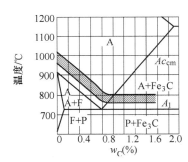

图 1-7　碳钢的淬火温度范围

2）保温时间的确定。为了使工件各部分均完成组织转变，需要在淬火加热温度保温一定的时间，通常将工件升温和保温所需的时间合在一起，统称为加热时间。影响加热时间的因素很多，如加热介质、钢的成分、炉温、工件的形状及尺寸、装炉方式及装炉量等。通常根据经验公式估算或通过实验确定。一般当量壁厚为 1mm 的碳钢件，保温时间约 1min。

3）淬火冷却介质。冷却是淬火的关键工序，它关系到淬火质量的好坏，同时，冷却也是淬火工艺中最容易出现问题的一道工序。淬火是在介质中快速冷却的过程，但是，在冷却速度快的情况下必然产生很大的淬火内应力，往往会引起工件变形。一般情况下，低碳钢淬火介质采用盐水，中高碳钢淬火介质采用水，合金钢采用油作为淬火介质。

此外，为了防止工件变形、开裂或局部淬不硬等缺陷，工件在浸入冷却介质时，应注意浸入方式。如细长的工件（轴或钻头等）应垂直淬火浸入；壁厚不均的工件，应将较厚的部位先浸入；薄而平的工件应立着放入等，如图 1-8 所示。

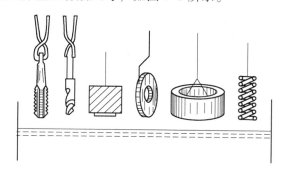

图 1-8　工件浸入淬火介质的方式

（4）回火　淬火后的钢重新加热到某一温度（一般 650℃ 以下），保温一定时间，然后在油或空气中冷却到室温的热处理工艺，称为回火。淬火钢一般不直接使用，必须进行回火。因为经淬火后得到的马氏体性能很脆，存在组织应力，容易产生变形和开裂。可利用回火降低脆性，消除或减少内应力，获得稳定的组织和尺寸。通过不同温度的回火，可满足零件不同的使用要求，获得强度、硬度、塑性和韧性的适当配合。

按回火温度范围的不同，可将钢的回火分为三类：

1）低温回火。回火温度范围一般为 150~250℃，硬度多为 55~64HRC。其目的在于部分消除淬火应力，显微裂纹大部分填合，即保持了淬火钢的高硬度、良好的耐磨性又适当提高了韧性。主要用来处理各种高碳钢工具、模具、滚动轴承以及渗碳和表面淬火的零件。

2）中温回火。回火温度范围一般为 350~500℃，硬度为 35~45HRC。其目的在于消除淬火应力，降低硬度，获得较高的弹性极限和屈服极限，并有一定的塑性和韧性。它多用于处理各种弹簧、锻模等工件。

3）高温回火。回火温度范围一般为 500~650℃，淬火钢经高温回火后，硬度为 25~35HRC，在保持较高强度的同时，又具有较好的塑性和韧性，即综合力学性能较好。通常把淬火加高温回火的热处理称为调质处理，它广泛应用于处理各种重要的结构零件，如轴类、齿轮、连杆等。

1.3.2　钢的表面热处理

钢的表面热处理主要用以强化零件表面。机械制造业中，许多零件如齿轮、凸轮、曲轴等是在动载荷及摩擦条件下工作，表面要求高硬度、耐磨性好和高的疲劳强度，而心部应有足够的塑性和韧性，此时需要进行表面强化处理。常用的表面热处理工艺可分为两类：一类是只改变表面组织而不改变表面化学成分的表面淬火；另一类是同时改变表面化学成分和组织的表面化学热处理。

（1）表面淬火　很多承受弯曲、扭转、摩擦和冲击的机器零件，如轴、齿轮、凸轮等，要求表面具有高的强度、硬度和耐磨性，不易产生疲劳破坏，而心部则要求有足够的塑性和韧性。采用表面淬火可使钢的表面得到强化，满足工件这种"表硬心韧"的性能要求。

表面淬火是通过快速加热，在零件表面很快被加热到淬火温度而内部还没有达到淬火临界温度时迅速冷却，使零件表面获得硬而耐磨的淬火马氏体组织，而心部仍保持塑性韧性较好的原始组织的局部淬火方法，它不改变工件表面的化学成分。

表面淬火是钢表面强化的方法之一，具有工艺简单、变形小、生产率高等优点，在生产中广为应用。表面淬火常以加热方式的不同而命名和分类，比如，火焰加热、电感应加热、电接触加热、电解液加热等。应用较多的是电感应加热法和火焰加热法。

（2）化学热处理　化学热处理是将金属或合金置于一定温度的活性介质中保温，使一种或几种元素渗入它的表面，改变其化学成分和组织，达到改进表面性能、满足技术要求的热处理工艺。钢的化学热处理分为渗碳、渗氮、碳氮共渗、渗硫、渗硼、渗金属（铝、铬）等，以渗碳和渗氮最为常用。化学热处理过程包括渗剂的分解、工件表面对活性原子的吸收、渗入表面的原子向内部扩散三个基本过程。

化学热处理后，再配合常规热处理，可使同一工件的表面与心部获得不同的性能。

1）钢的渗碳。渗碳通常是指向低碳钢工件表面渗入碳原子，使工件表面达到高碳钢的含碳量。渗碳的主要目的是提高零件表层的含碳量，以提高表层硬度和耐磨性，同时保持心部的良好韧性。渗碳用钢为低碳钢及低碳合金钢，如 20、20Cr、20CrMnTi 等。

根据渗碳剂的不同，钢的渗碳可分为气体渗碳、固体渗碳和液体渗碳。最常用的是气体渗碳，其工艺方法是将工件置于密封的气体渗碳炉内，加热到临界温度以上（通常为 900～950℃），使钢奥氏体化，按一定流量滴入易分解的液体渗碳剂（如煤油、苯、甲醇和丙酮），使之发生分解反应，产生活性碳原子，使其吸附在工件表面并向钢的内部扩散进行渗碳。

气体渗碳具有生产效率高、劳动条件好、容易控制、渗碳层质量较好等优点，在生产中广泛应用。

2）钢的渗氮。渗氮是将钢的表面渗入氮原子以提高表层的硬度、耐磨性、疲劳强度及耐蚀性的化学热处理工艺，也称为钢的氮化。

氮化后零件的耐磨性提高，表面硬度比渗碳的还高，可达 65～72HRC 以上，这种硬度可以在 500～600℃ 保持不降低，所以氮化后的钢件有很好的热稳定性。同时渗层一般处于压应力，疲劳强度高，但脆性较大。氮化层还具有一定的耐蚀性。氮化后零件变形很小，通常不需要再进行热处理强化。为了保证心部的力学性能，在氮化前应进行调质处理。对于形状复杂或精度要求高的零件，在氮化前、精加工后还要进行消除内应力的退火，以减少氮化时的变形。

目前较为常用的是气体渗氮法，即利用氨气在加热时分解出活性氮原子使其进行渗氮。由于氮化温度不高，所需的时间较长，要获得 0.3～0.5mm 厚的氮化层，一般需 20～50h。

钢的渗氮适合于要求处理精度高、冲击载荷小、耐磨损能力强的零件，氮化虽然具有一系列优异的性能，但其工艺复杂、生产周期长、成本高，主要用于精度要求很高的零件，如精密齿轮、磨床主轴、精密机床丝杠等。

第 2 章 铸 造

2.1 实习目的与要求

1. 基本知识要求

1）了解铸造生产的安全知识，学会铸造生产的安全操作要领。

2）了解实习中使用的设备基本结构、基本原理以及操作规程。

3）了解铸造生产使用的主要材料、成分以及作用。

4）了解铸造生产的各个生产环节以及工艺流程。

5）了解铸件的结构特点、基本的工艺参量以及常规检验的方法。

2. 安全操作规程

1）进入实习场地需穿着整套军训服装，上衣袖口和衣服下摆一定要收紧；穿运动鞋或皮鞋，不能穿布鞋、拖鞋和凉鞋；女生及长发男生必须将头发固定好，戴上帽子。

2）操作前必须穿戴好规定的劳保用品。

3）砂箱摆放整齐，并拧紧砂箱的卡箱螺栓或用压铁压箱，以防浇注时跑火伤人。工具及剩余砂箱归放原处。

4）爱护模样，严禁踩、踏、乱放，工作完毕，统一保管。

5）浇注前检查浇包是否完好，浇注系统是否畅通。浇注时通道不应有杂物挡道，更不能有积水。

6）停炉后不得立即关闭冷却水。

2.2 铸造基本概念

铸造是将金属熔炼成符合一定要求的液体并浇进铸型，经冷却凝固、清整处理后得到有预定形状、尺寸和性能的铸件的工艺过程。

铸造是生产零件毛坯的主要方法之一，与其他加工方法相比，铸造工艺具有如下几大特点：

1）铸件几乎不受金属材料种类的限制，铸件材料可以是各种铸铁、铸钢、铝合金、铜合金、镁合金、钛合金、锌合金和各种特殊合金材料。

2）铸件不受尺寸大小和重量的限制，铸件可以小至几克，大至数百吨，铸件壁厚可以从 0.5mm ~ 1m 左右，铸件长度可以从几毫米到十几米。

3）可以生产各种形状复杂的毛坯，特别适用于生产具有复杂内腔的零件毛坯，如各种箱体、缸体、叶片、叶轮等。

4）铸件的形状和大小可以与零件很接近，既节约金属材料，又节省切削加工工时。

5）铸件一般使用的原材料来源广、成本低（如废钢、废件、切屑等）。

6）铸造工艺灵活，生产率高，既可以手工生产，也可以机械化生产。

7）铸件应用广泛，农业机械中占质量 40% ~70% 、机床中 70% ~80% 的组件都是铸件。

8）铸件力学性能不如锻件，如组织粗大，缺陷多等。

9）铸件砂型铸造中，单件、小批量生产，工人劳动强度大。

10）铸件质量不稳定，工序多，影响因素复杂，易产生许多缺陷。

铸造主要分成砂型铸造和特种铸造：

1）砂型铸造。用砂作为铸型材料。砂型包括湿砂型、干砂型和化学硬化砂型 3 种。

2）特种铸造。有别于砂型铸造的其他铸造方法统称为特种铸造（如熔模铸造、压力铸造、金属型铸造、磁性铸造、连续铸造、离心铸造等）。

铸造成型工艺可分为三部分，即铸造金属准备、铸型准备、铸件处理和检验：

1）铸造金属准备。铸造金属的熔化与浇注，铸造金属是指铸造生产中用于浇注铸件的金属材料，它是以金属元素为主要成分，并加入其他金属或非金属元素而组成的合金。

2）铸型（使液态金属成为固态铸件的容器）准备，铸型按所用材料可分为砂型、金属型、陶瓷型、泥型、石墨型等，按使用次数可分为一次性型、半永久型和永久型，铸型准备的优劣是影响铸件质量的主要因素。

3）铸件处理和检验，铸件处理包括清除型芯和铸件表面异物、切除浇冒口、铲磨毛刺和飞边等凸出物以及热处理、整形、防锈处理和粗加工等。

2.3　砂型铸造

砂型铸造是在砂型中生产铸件的铸造方法，是铸造生产中的基本工艺。钢铁和大多数有色合金铸件都可用砂型铸造方法获得。由于砂型铸造所用的造型材料价廉易得，铸型制造简便，对铸件的单件生产、成批生产和大量生产均能适应，图 2-1 为铸型装配图，铸造完后打碎铸型则可取出如图 2-2 所示的铸件，型砂还可以回收再用，下面对其进行简单介绍。

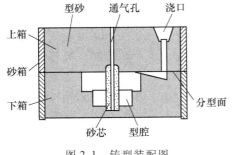

图 2-1　铸型装配图

图 2-2　铸件

（1）型砂　型砂是铸造中用来造型的材料。型砂一般由铸造用原砂、型砂粘结剂和辅加物等造型材料按一定的比例混合而成。型砂按所用粘结剂不同，可分为粘土砂、水玻璃砂、水泥砂、树脂砂等。以粘土砂、水玻璃砂及树脂砂最为常用。型砂按强度的方式不同分为粘土湿砂型、粘土干砂型和化学硬化砂型 3 种。

（2）模型　在铸造生产中用来造型和制芯用的模型叫做木型。用来形成铸型型腔，叫做模样（模型、木模）。用来制作铸件的内腔、穿透孔和铸件外形不易驱除部分的砂芯，叫做芯盒。铸件都是根据图样的要求先制作出合格的模样，然后用这个木型造型，浇注而成。模样是造型、制芯工艺过程中不可缺少的工艺装备。模样与铸件的形状、尺寸等直接有关，它是获得合格铸件的先决条件，对保证铸件质量，提高劳动生产率，改善工艺条件等都具有重要作用。

（3）分型面　为了便于模型的取出，一般铸型都是可剖分式，这个可将铸型分解的面就是分型面。一般浇注时分型面处于水平位置，铸型又分别处于造型的砂箱之内，所以就有上箱和下箱之分，称为两箱造型。当然也可以采取两个分型面，就有上、中、下箱，也称三箱造型。

（4）型芯　用来填充铸件的空腔部分，也是由型砂制成。造型可用木模，型芯成型可以用型芯盒来提高造型效率。但是型芯必须固定在铸型中，所以在模型上就设计有放置型芯的芯头部分。

（5）浇注系统　是为将液态金属引入铸型型腔而在铸型内开设的通道。

浇注系统的作用是：控制金属液充填铸型的速度及充满铸型所需的时间；使金属液平稳地进入铸型，避免紊流和对铸型的冲刷；阻止熔渣和其他夹杂物进入型腔；浇注时不卷入气体，并尽可能使铸件冷却时符合顺序凝固的原则。

2.4 常见造型方法

（1）整模造型　模型为整体，造出的型腔一般处于下箱之中，如图2-1所示。

（2）分模造型　模型可以分开，造出的型腔由上下箱内的空腔组合而成，如图2-3所示。模型上可以分开的面又称分模面，所铸出的铸件形状与图2-2所示相同。

（3）挖砂造型　有些铸件，如手轮等，按结构要分模造型，为了制造模样方便，防止较薄的模样变形或损坏，把模样做成整体，采用挖砂造型。注意，挖砂造型的分型面不再是一平面。图2-4所示为实心铸铁球的挖砂造型铸型装配图。

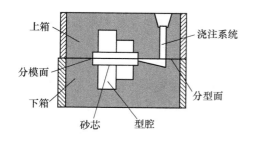

图 2-3　分模造型铸型装配图

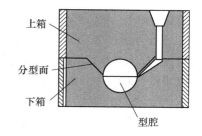

图 2-4　挖砂造型铸型装配图

（4）刮板造型　模型仅为型腔的截面，造型时如果沿某轴心旋转，就能刮出回转体型腔；如果沿某轴线运动，就能刮出具有该模型截面相同的型腔。由于模型仅为一个薄板，比制造整个木模要省工、省料，所以得以广泛应用。

（5）活块造型　为了制作出零件上局部突出部分，可以在模型上加装可拆卸的活块，取模时先将模型取出，再从型砂中抠出活块，就可以制成比较复杂的型腔。

（6）手工造型　手工造型是全部用手工或手动工具紧实型砂的造型方法，其操作灵活，无论铸件结构复杂程度、尺寸大小如何，都能适应。因此在单件小批量生产中，特别是不能用机器造型的重型复杂铸件，常采用手工造型。手工造型生产率低，铸件表面质量差，要求工人技术水平高，劳动强度大，随着现代化生产的发展，机器造型已代替了大部分的手工造型，机器造型不但生产率高，而且质量稳定，是成批大量生产铸件的主要方法。手工造型按砂箱特征分为两箱造型、三箱造型、地坑造型等；按模样特征分为整模造型、分模造型、挖砂造型、假箱造型、活块造型和刮板造型等，可根据铸件的形状、大小和生产批量加以选择。

2.5　常用铸造材料

完成造型就可以进行浇注，砂型铸造主要用于生产金属铸件，常用于铸造的有铸铁、铸钢、铜、铝等以及以非铁铸造合金为主要元素的合金。

（1）铸铁　铸铁是指含碳量在 2.11% 以上的铁碳合金。如果大多数铁和碳元素以化合物存在，铸件的断口呈银白色，称作白口铸铁；如果大多数碳元素以微小片状石墨存在，铸件的断口呈灰色，称作灰铸铁；如果大多数碳元素以微小球状石墨存在，称作球墨铸铁。

① 铸铁的流动性。在铸型内冷凝固化属于共晶，即同时开始结晶成固态金属，所以在结晶前流动性能很好，利于浇注和充满型腔。

② 铸铁的特点。铸铁原料是冶金高炉生铁，对熔化条件要求不高，用焦炭为燃料的普通高炉（也称冲天炉）即可，浇注流动性好，容易生产形状比较复杂的铸件，配合普通砂型，铸铁件成本低廉，应用十分广泛。

（2）铸钢　铸钢是以铁、碳为主要元素的合金，含碳量在 0～2% 之间，是在凝固过程中不经历共晶转变的用于生产铸件的铁基合金的总称。又分为铸造碳钢、铸造低合金钢和铸造特种钢 3 类。

铸钢的优点：①设计的灵活性，设计员对铸铁的形状和尺寸有最大的设计自由度，特别是形状复杂和中空截面的零件，铸钢件可采用组芯这一独特的工艺来制造。②铸钢件冶金制造应性和可变性最强，不同的化学成分和组织可适应于各种不同的工程需要，通过热处理工艺满足力学性能和使用性能，具有好的焊接性和可加工性。③铸钢材料的各向同性，整体结构性强，工程可靠性高；④铸钢件的重量可在很大的范围内变动，可以是重量仅几十克的熔模精度铸件，也可以是重量达数吨、数十吨乃至数百吨的大型铸钢件。

（3）铸铜和铸铝　铸铜是铜合金，分为铸造锡青铜、铸造铝青铜和铸造镍青铜，具有一定抗蚀耐磨性，可以用于制作阀门座和海轮上的零件，也可以做轴瓦和蜗轮，同时也可以铸造成形状复杂的工艺品。铸铝合金分成铝镁合金和铝钛合金等，具有耐蚀性且导热性好，常用于铸造发动机活塞和气缸盖等零件，铝钛合金有耐高温腐蚀、强度高和重量轻等特点，是航空发动机的理想铸件材料。

铸造铸铁件常见的缺陷有：气孔、粘砂、夹砂、砂眼、胀砂、冷隔、浇不足、缩松、缩孔、缺肉、肉瘤等。

总体上，砂型铸造生产劳动强度大，环境污染重，成品率低，而且铸件晶粒粗大，结构疏松，机械强度不高，但因成本低廉，目前还得以广泛应用，但随着科技进步，砂型铸造自动化程度正在逐步提高，并且不断涌现出更加先进的新型铸造工艺。

常用的特种铸造方法有熔模精密铸造、石膏型精密铸造、陶瓷型精密铸造、消失模铸造、金属型铸造、压力铸造、低压铸造、差压铸造、真空吸铸、挤压铸造、离心铸造、连续铸造、半连续铸造、壳型铸造、石墨型铸造、电渣熔铸等。

第3章 锻 造

3.1 实习目的与要求

1. 基本知识要求

1）了解锻压生产过程、特点及应用。

2）了解坯料加热的目的和方法，加热炉的大致结构和操作方法，常见加热缺陷，碳钢的锻造温度范围，锻件的冷却方法。

3）了解自由锻设备结构及作用，掌握自由锻基本工序的特点，操作方法及主要用途，典型零件的自由锻工艺过程。

4）胎模锻特点、锻模的结构、模锻的工艺过程及应用范围。

5）了解冲压设备的结构和工作原理，板料冲压基本工序、冲模结构及模具安装方法。

6）了解锻压生产安全技术，可进行简单经济分析。

2. 安全操作规程

1）进入实习场地需穿着整套军训服装，上衣袖口和衣服下摆一定要收紧；穿运动鞋或皮鞋，不能穿布鞋、拖鞋和凉鞋；女生及长发男生必须将头发固定好，戴上帽子。

2）检查各种工具（如手锤等）的木柄是否牢固。空气锤上、下铁砧是否稳固，铁砧上不许有油、水和氧化皮。

3）坯料在炉内加热时，风门应逐渐加大，防止突然高温使煤屑和火焰喷出伤人。

4）两人手工锻打时，必须高度协调。要根据加热坯料的形状选择夹钳，夹持牢靠后方可锻打，以免坯料飞出伤人。拿钳时不要对准腹部，挥锤时严禁任何人站在其后2.5m以内。坯料切断时，挥锤者必须站在被切断飞出方向的侧面，快切断时，大锤必须轻击。

5）只有在指导人员直接指导下才能操作空气锤。空气锤严禁空击、锻打未加热的锻件、终锻温度极低的锻件以及过烧的锻件。

6）锻锤工作时，严禁用手伸入工作区域或在工作区域放取各种工具、模具。

7）设备一旦发生故障应首先关机、切断电源。

8）锻区内的锻件毛坯必须用钳子夹取，不能直接用手拿取，以防烫伤，要知"红铁不烫人而黑铁烫人"的常识。

3.2 锻压

锻压是锻造和冲压的合称，是利用锻压机械的锤头、砧块、冲头或通过模具对坯料施加压力，使之产生塑性变形，从而获得所需形状和尺寸制件的成形加工方法。根据加工过程中是否加热，锻压又可以分成热锻压和冷锻压两种加工方法。

（1）热锻压 热锻压是在金属再结晶温度以上进行的锻压。提高温度能改善金属的塑性，有利于提高工件的内在质量，使之不易开裂。高温度还能减小金属的变形抗力，降低所需锻压机械的吨位。当工件大、厚，材料强度高、塑性低时，通常采用热锻压。一般采用的热锻压温度为：碳素钢 800～1250℃；合金结构钢 850～1150℃；高速工具钢 900～1100℃；常用的铝合金 380～500℃；钛合金 850～1000℃；黄铜 700～900℃。

（2）冷锻压 冷锻压是在低于金属再结晶温度下进行的锻压，通常所说的冷锻压多专指在常温下的锻压，而将在高于常温、但又不超过再结晶温度下的锻压称为温锻。温锻的精度较高，表面粗糙度值小而变形抗力不大。

在常温下冷锻成形的工件，其形状和尺寸精度高，表面粗糙度值小、加工工序少，便于自动化生产。许多冷锻、冷冲压件可以直接用做零件或制品，而不再需要切削加工。但冷锻时，因金属的塑性低，变形时易产生开裂，变形抗力大，需要大吨位的锻压机械。

3.3 锻造加工

（1）锻造 锻造是一种利用外力对金属坯料施加压力，使其产生塑性变形以获得一定力学性能、形状和结构尺寸零件的加工方法。通过锻造的形变过程，能消除金属在冶炼过程中产生的铸态疏松等缺陷，优化微观组织结构，使金属内部组织致密，打碎粗大晶粒再生成细小的晶粒，使力学性能得到明显提高，同时保存了完整的金属流线，锻件的力学性能一般优于同样材料的铸件。

（2）锻造材料和温度 常用的锻造材料包括各种钢和合金钢、铜合金和铝合金等，锻造温度控制在 820～850℃，有时也可在 780℃左右轻锻、修光、精整等。一般锻造温度在一个区间内，高不至于发生氧化脱碳和过烧，低要在锻件的再结晶温度以上。

（3）锻造设备 锻造设备是指在锻造加工过程中用于成形和分离的机械设备。锻造设备包括成形用的锻锤、机械压力机、液压机、螺旋压力机和平锻机，以及锻造操作机、开卷机、矫正机、剪切机等辅助设备。锻造设备种类很多，按照工作部分运行方式不同，锻造设备可分为直线往复运动和相对旋转运动两大类。直线往复锻造设备包括：动载撞击的锻造设备；动静载联合的锻造设备；高效能冲击的锻造设备；旋转锻造设备的锻模分别安装在两个或两个以上相对旋转运动的辊轴上。

3.4 自由锻造

自由锻造是利用冲击力或压力使金属在上下砧面间各个方向自由变形，不受任何限制而获得所需形状、尺寸和一定力学性能的锻件的一种加工方法，简称自由锻。

（1）锻造分类 锻造分成自由锻造和模型锻造两种方法。

（2）自由锻造基本方法 自由锻造分手工自由锻和机器自由锻。手工自由锻生产效率低，劳动强度大，仅用于修配或简单、小型、小批锻件的生产。机器自由锻已成为锻造生产的主要方法，在重型机械制造中，它具有特别重要的作用。自由锻造的基本工序包括镦粗、打方、滚圆、拔长、冲孔、弯曲、扭转、错移、切割及锻接等。

1）镦粗。镦粗是使毛坯高度减小，横断面积增大的锻造工序（图3-1）。镦粗工序主要用于锻造齿轮坯、圆饼类锻件。镦粗工序可以有效地改善坯料组织，减小力学性能的各向异性。镦粗与拔长的反复进行，可以改善高合金工具钢中碳化物的形态和分布状态。

2）打方。如果送进时锤击圆柱坯料侧面，就会形成一个对方，再翻转90°送进，打出另一个对方，锻件截面就变成矩形，如图3-2所示，称为打方。

3）滚圆。如果要将矩形断面坯料锻造成圆形，可以先逐个锤击坯料的对角，形成八边形，再继续锤击对角，就形成多边形，如图3-3所示，继续沿轴线翻转直到将坯料锻造成圆形，称为滚圆。

图3-1　镦粗　　　　　　　图3-2　打方　　　　　　　图3-3　滚圆

4）拔长。如果按照打方操作，将坯料分段连续送进，锻件截面越来越小，如图3-4所示，而长度却在增加，称为拔长，古代打造兵器中就有拔长这个工艺。

5）弯曲。利用模具将坯料弯成一定角度，或者是一定弧度，称为弯曲。电影中经常出现手工锻造马蹄铁的镜头，先经过打方拔长，再弯曲并冲孔，就可以给马钉掌。

6）扭转。用空气锤头压住坯料一端，或者将坯料一端在砧铁孔中固定，用钳子夹住坯料另一端并使之在截面内转动，称为扭转。仔细观察锻造用的平口钳，铰链与钳口两个部位就是扭转成型。

7）压肩。由于锤头和砧铁都是平面，可以用矩形或圆柱形工具垫在坯料上，锤击坯料就可以锻造出阶梯面或沟槽，如图3-5所示，称为压肩。如果在锻造实践中加工的是木工羊角锤，用来起钉子的锤苗部分就要经过压肩锻造出来。

图3-4　拔长　　　　　　　　　　　　图3-5　压肩

8）切断。对于坯料上多余的部分，可以将锻造切刀对准要切削部位，锤击刀背，直到将多余的坯料切除，如图3-6所示，称为切断。锻造小锤坯料时，必须进行切断操作，才能获得截面和长度尺寸都合格的锻件。

9）冲孔。冲孔是在坯料冲孔示意图上冲出通孔或不通孔的锻造工序，如图3-7所示。

10）修光。由于锻件经过反复锻打，表面锤痕很多，用平口锤对准坯料平面，锤击平口锤尾部，可将锻件表面压平，消除锤痕，称为修光。

（3）自由锻造操作　在锻造操作中，先将坯料镦粗再拔长，以改变其内部结构状态来提高力学性能，然后再根据锻件图样要求，通过各种基本操作将坯料逐步锻造成所需要形状的锻件。

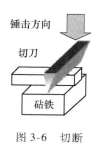

图 3-6 切断

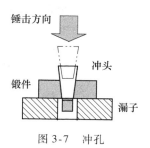

图 3-7 冲孔

3.5 模锻

模锻所用的设备主要有模锻锤、摩擦压力机、热模锻压力机和平锻机等。模锻是把加热到规定温度的金属坯料放入固定于模锻设备上的锻模内，使上、下模打靠，金属在模腔内产生塑性变形，从而达到所需的形状和尺寸。模锻主要工序有坯料加热、模锻、切边等。

（1）模锻特点　与自由锻造相比，模锻锻件的形状由锻模型腔确定，几何尺寸准确，所以工作效率和锻件质量都有明显提高。由于坯料在锻模型腔内的变形程度很大，需要提供更大的外力来克服锻件的变形抗力。

（2）连皮和飞边　值得注意的是，锻模是特殊材料制成的，锻造过程中一旦上下模接触，就会损坏模具，所以在合模时上下模间留有一定间隙，确保不会损伤模具。由于这个间隙存在，锻件上也就出现一些多余部分，如图 3-8 所示，这些多余部分称为连皮。

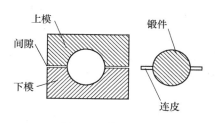

图 3-8 模锻连皮

锻模型腔体积固定，通常锻造时坯料体积比锻模型腔大，要容纳多余坯料就无法合模。于是在锻模合模面周围设计出一定体积的空腔，以确保坯料能充满锻模型腔的体积进行下料，锻造时多余的坯料将由这些空腔容纳，当然锻出的锻件上也连着这些多余坯料，如图 3-9 所示，称为飞边。

（3）组合锻模　为了提高锻造的效率，锻模可以设计有多个工作位置，其中包括几个分级预锻型腔，一个成形型腔，还有切除飞边的刀口。锻造时坯料依次通过各级预锻型腔，实现各种所需要的锻造变形，再进入成形型腔定型，最后切除飞边成为锻件，图 3-10 所示为将矩形坯料锻造成球形锻件的组合锻模示意图。

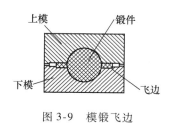

图 3-9 模锻飞边

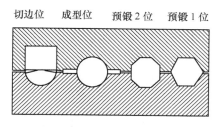

图 3-10 组合锻模

（4）胎模锻造　当单件小批量生产一些锻件，局部几何形状需要比较准确时，可以在自由锻造操作中利用简单的模具来提高锻造精度，这就是胎模锻造。图 3-11 为常用的外六方胎模，具有外六方空腔，当锻造六方螺母时，将胎模置于下砧铁上，再将圆形坯料放入胎模空腔内，锤击坯料端部，坯料直径膨胀并充满型腔，就可以获得准确形状的外六方锻件。

图 3-11　外六方胎模

3.6　冲压

（1）冲压　冲压是靠压力机和模具对板材、带材、管材和型材等施加外力，使之产生塑性变形或分离，从而获得所需形状和尺寸的工件（冲压件）的成形加工方法。冲压和锻造同属塑性加工（或称压力加工），合称锻压。冲压的坯料主要是热轧和冷轧的钢板和钢带。在全世界的钢材中，有 60%～70% 的板材，其中大部分经过冲压制成成品。

冲压加工是借助常规或专用冲压设备的动力，使板料在模具里直接受到变形力作用并产生变形，从而获得一定形状、尺寸和性能的产品零件的生产技术。板料、模具和设备是冲压加工三要素。按冲压加工温度分为热冲压和冷冲压。前者适合变形抗力高，塑性较差的板料加工；后者则在室温下进行，是薄板常用的冲压方法。它是金属塑性加工（或压力加工）的主要方法之一，也隶属于材料成形工程技术。

（2）冲剪　冲剪是使板料分离的操作，当要分离的切口是直线时，称为裁料，一般利用剪板机进行。剪板机是一种专门为剪切钢板材设计的设备，利用机械或液压传动带动刀口来剪切钢板，衡量剪板机加工能力的参数是其所能剪切钢板的最大厚度。

（3）冲孔　当在板料上加工出封闭曲线切口时，称为冲孔。孔的形状由冲头决定，根据需要可以是圆形、方形或任意封闭曲线。

（4）落料　落料是从板料上加工出具有所需边缘形状的毛坯或零件。值得注意的是，冲孔和落料使用的冲头和材料有可能完全一样，冲孔的目的是在板料上加工出孔，如制作筛网；而落料则是要得到冲压下来的圆片，如加工垫圈。

（5）弯曲　利用压力使板料发生两维变形称为弯曲。弯曲可以在普通压力机上利用弯曲模具进行，如生产采矿支护用的 U 形钢。也可以在专用的折弯机上将板材弯成一定角度。如图 3-12 所示，化工容器生产大多采用这种成形方法。

（6）压延　利用压力使板料发生三维变形，由平面坯料变成三维立体形状，其中必然发生延伸，故称为压延。

（7）拉深　材料延伸变形过程中伴随着冷作硬化，如果延伸变形量过大，就会开裂。如果需要加工筒状制品，就可以在压延的基础上进行再结晶处理，消除冷作硬化现象后进行拉深加工。

（8）翻边　将薄板制品边缘卷曲的操作称为翻边，可以避免边缘过于锋利伤人，也能提高制品的刚度，所以一般薄板制品都设计有不同结构的翻边。

钢板

下辊　　下辊

图 3-12　滚板机滚圆

3.7 轧制

利用外力使材料连续发生变形的工艺称为轧制，根据加工过程中加热与否，可以分为热轧和冷轧。

（1）热轧 炼钢生产的钢锭不仅内部组织粗大，力学性能低，而且用户直接使用很不方便，所以都是经过轧钢工艺热轧成各种板材或型材在市场上销售。热轧工艺如图 3-13 所示，加热的钢坯送入轧辊，在轧辊辗压下发生变形，使内部组织结构细化，强度得以改善，而且可以轧制成不同截面的型材。

（2）冷轧 由于热轧需要加热，会出现氧化皮，所以表面比较粗糙，而冷轧就可以获得很高的表面质量，但是冷轧变形抗力大。

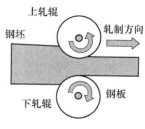

图 3-13 热轧

第4章 焊 接

4.1 实习目的与要求

1. 基本知识要求

1) 了解焊接生产工艺过程、特点和应用。

2) 了解焊条电弧焊的安全操作方法。

3) 了解焊条的组成、作用。

4) 了解常用焊接接头形式、坡口种类。

2. 基本技能要求

1) 能够进行简单的焊条电弧焊操作。

2) 完成平焊焊缝。

3. 安全操作规程

1) 进入实习场地需穿着整套军训服装，上衣袖口和衣服下摆一定要收紧；穿着运动鞋或皮鞋，不能穿布鞋、拖鞋和凉鞋；女生及长发男生必须将头发固定好，戴上帽子。

2) 进行焊接操作时需穿戴好工作服、绝缘鞋、绝缘手套等安全劳保用品。操作者应站在绝缘橡胶板上进行操作以防触电。

3) 焊接操作前必须按照正确方法认真检查焊接设备，发现有安全隐患时，及时向指导教师汇报情况，隐患排除前严禁进行焊接操作。

4) 认真检查施焊现场是否有易燃易爆、有毒有害的物品；是否有良好的自然通风，或良好的通风设备；是否有良好的照明，当确认都符合安全要求时才能工作。

5) 开动电焊机时，先闭合电源闸刀，然后启动电焊机按钮。停机时先关电焊机，再拉下电源闸刀。

6) 正在焊接时不要切断电源或调节电流，电源接通后不要随意移动电焊机。禁止用铜丝代替熔丝。

7) 电焊钳手柄的绝缘性一定要可靠，若有损坏应事先修理或更换，电焊钳应轻取轻放，不得将焊钳放在焊台上，以防短接起弧。

8) 电焊时必须戴上保护面罩，不准用眼睛直视电弧，以防强烈的弧光灼伤眼睛。如有眼睛疼痛、发热流泪、皮肤发痒等感觉，可用湿毛巾敷在眼睛上，不能用肥皂水清洗。

9) 焊接时，手不能同时接触两个电极，以免触电。操作时不能随意挥动焊条，若焊机及焊钳发热，可休息一下再工作。焊后的工件和焊条头不能乱扔，工件不能用手触摸。

10) 用清渣锤敲除焊渣时，不得朝向面部，以防飞出的焊渣烫伤眼睛和面部。应从侧面轻击，并用戴绝缘手套的左手遮挡飞溅的焊渣。

4.2 焊接工艺概述

焊接是把分离的金属（两种或两种以上同种或异种材料）通过局部加热、加压或两种并用，借助于焊件接头处金属原子间的结合与扩散作用形成不可拆整体件的加工方法。

焊接用于金属材料的连接，广泛应用于机械、汽车、船舶、石油化工、电力、建筑、核能、海洋工程、航空航天工程、电力技术等工业部门。

焊接方法可以分为三大类：熔化焊、压焊和钎焊。

（1）熔化焊 熔化焊是将焊件接头处局部加热到熔化状态并形成共同的熔池，冷却结晶以后形成牢固接头的焊接方法。

（2）压焊 压焊是通过加热等手段使金属呈塑性状态，再加压使焊件贴合面产生塑性变形、再结晶和扩散形成新结晶，从而获得不可拆卸接头的焊接方法。

（3）钎焊 钎焊是利用熔点低于焊件的金属或合金作为钎料，钎料熔化，填充焊缝，并与固态的焊接金属相互溶解和扩散，待钎料结晶后，使分离的母材实现连接的方法。

如图 4-1 所示，熔化焊、压焊和钎焊依据其工艺特点又可以分为若干种不同的焊接方法。

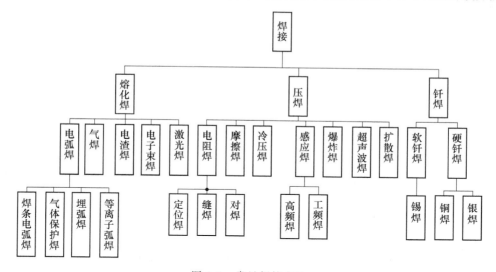

图 4-1 常见焊接方法

与机械连接相比，焊接生产有以下主要特点：

1）与铸钢结构件相比，可节约材料、减轻重量、降低成本。

2）对一些单件大型零件可以以小拼大，简化制造工艺。

3）可修补铸锻件的缺陷和局部损坏的零件，经济意义重大。

4）接头致密性高，连接性能好。

5）容易产生焊接变形、焊接应力及焊接缺陷等。

4.3 焊接相关设备

焊条电弧焊是利用手工操作焊条进行焊接的电弧焊方法，简称电弧焊。

电弧焊是以焊条和焊件作为两个电极，被焊金属为焊件或母材。焊接时因电弧的高温和吹力作用使焊件局部熔化。在被焊金属上形成一个椭圆形充满液体金属的凹坑，这个凹坑称为熔池。随着焊条的移动，熔池冷却凝固后形成焊缝。焊缝表面覆盖了一层渣壳。焊条熔化末端到熔池表面的距离称为电弧长度。从焊件表面至熔池底部的距离称为熔透深度。

电弧焊的主要设备有电焊机、电焊条及其他焊接工具。

（1）电焊机　如图 4-2 所示，电焊机是根据电弧放电的规律和电弧焊工艺对电弧燃烧状态的要求而供以电能的一种装置。主要分为交流电焊机和直流电焊机。

交流电焊机成本低，生产效率高，使用可靠，易维护，经济性好。直流电焊机成本高、噪声大、稳定性好、生产效率低。

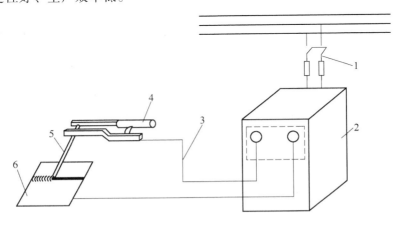

图 4-2　电弧焊原理简图

1—电源开关　2—电焊机　3—焊接电缆　4—焊钳　5—焊条　6—焊件

（2）焊条　焊条由焊芯和药皮两部分组成，如图 4-3 所示。

图 4-3　焊条的结构

1）焊芯。作用为传导焊接电流，填充金属焊缝，直径为 2.0～5.8mm。

2）药皮。作用为稳定电弧，提高电弧燃烧的稳定性，引弧造渣，保护焊缝不被氧化、氮化，使焊缝冷却慢向焊缝金属过渡合金元素；增塑，促进电离。

（3）焊接工具　焊接工具主要为焊钳、面罩以及焊接电缆、焊钳等，如图 4-4 所示。

1）焊钳。夹持焊条并传导焊接电流的操作工具。

2）面罩。保护电焊工的眼睛和面部不受电弧光的辐射和灼伤。

3）焊接电缆。常采用多股细铜线电缆，在焊钳与电焊机之间用一根电缆（火线）连

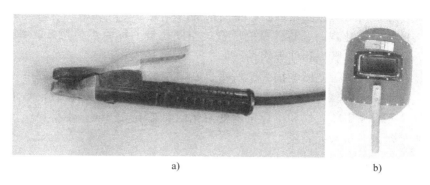

图 4-4 常用焊接工具

a) 焊钳 b) 面罩

接，在电焊机与工件之间用另一根电缆（地线）连接。焊钳外部用绝缘材料制成，具有绝缘和绝热的作用。

4.4 焊接相关概念

（1）焊接接头 两个或两个以上零件采用焊接组合的接点叫做焊接接头。如图 4-5 所示，根据焊件厚度、结构形状和使用条件的不同，可以使用对接接头、搭接接头、角接接头、T 形接头等接头形式。

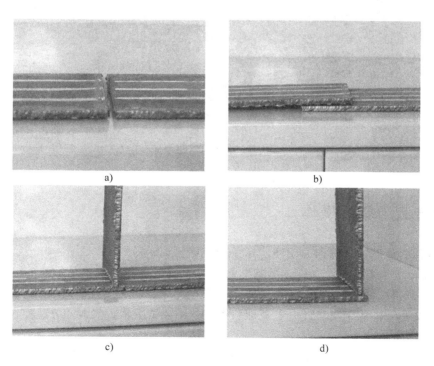

图 4-5 焊接接头形式

a) 平头对接 b) 搭接 c) T 形接 d) 角接

对接接头受力比较均匀，使用最多，重要的受力焊缝应尽量选用。

（2）焊接位置 熔化焊时，焊件接缝所在的空间位置，称为焊接位置，如图4-6所示。焊接位置有平焊、立焊、横焊和仰焊四种。

焊接位置对施焊难易程度影响很大，从而也影响了焊接的质量和生产效率。其中平焊位置操作方便，劳动强度小，熔化金属不会外流，飞溅较少，易于保证质量，是最理想的操作空间位置，应尽可能采用。立焊和横焊位置处熔化金属有下流倾向，不易操作。而仰焊位置最差，操作难度大，不易保证质量。

a)   b)

c)   d)

图4-6 焊接的空间位置
a）平焊 b）立焊 c）横焊 d）仰焊

4.5 焊接实习基本操作

焊条电弧焊最基本的操作是引弧、运条和收尾。

（1）引弧 引弧即产生电弧。焊条电弧焊是采用低电压、大电流放电产生电弧，依靠焊条瞬时接触工件来实现。引弧时必须将焊条末端与焊件表面接触形成短路，然后迅速将焊条向上提起2~4mm的距离，此时电弧即引燃。如图4-7所示，引弧的方法有两种：碰击法和擦划法。

1）碰击法。也称点接触法或敲击法。碰击法是将焊条与工件保持一定距离，然后垂直落下，使之轻轻敲击工件，发生短路，再迅速将焊条提起，产生电弧的引弧方法。此种方法适用于各种位置的焊接。

2）擦划法。也称线接触法或摩擦法。擦划法是将焊条在坡口上滑动，成一条线，当端部接触时，发生短路，因接触面很小，温度急剧上升，在未熔化前，将焊条提起，产生电弧的引弧方法。此种方法易于掌握，但容易玷污坡口，影响焊接质量。

上述两种引弧方法应根据具体情况灵活应用。擦划法引弧虽比较容易，但若这种方法使用不当，会擦伤焊件表面。为尽量减少焊件表面的损伤，应在焊接坡口处擦划，擦划长度以 20~25mm 为宜。在狭窄的地方焊接或焊件表面不允许有划伤时，应采用碰击法引弧。碰击法引弧较难掌握，焊条的提起动作太快并且焊条提的过高时，电弧易

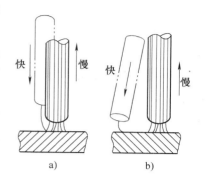

图 4-7 引弧方法
a）碰击法 b）擦划法

熄灭；动作太慢，会使焊条粘在工件上。当焊条一旦粘在工件上，应迅速将焊条左右摆动，使之与焊件分离；若仍不能分离，应立即松开焊钳切断电源，以免短路时间过长而损坏电焊机。

（2）运条 电弧引燃后，就开始正常的焊接过程。为获得良好的焊缝，焊条需要不断地运动。焊条的运动称为运条。运条是电焊工操作技术水平的具体表现。焊缝质量的优劣、焊缝成形的好坏，主要由运条来决定。

如图 4-8 所示，运条由三个基本运动合成，分别是焊条的送进运动、焊条的横向摆动运动和焊条的沿焊缝移动运动。

1）焊条的送进运动。送进运动主要是用来维持所要求的电弧长度，由于电弧的热量熔化了焊条端部，电弧逐渐变长，有熄弧的倾向。要保持电弧继续燃烧，必须将焊条向熔池送进，直至整根焊条焊完。为保证一定的电弧长度，焊条的送进速度应与焊条的熔化速度相等，否则会引起电弧长度的变化，影响焊缝的熔宽和熔深。

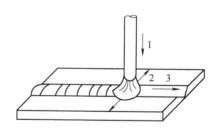

图 4-8 焊条的三个基本运动
1—焊条送进 2—焊条横向摆动
3—沿焊缝移动

2）焊条的摆动和沿焊缝移动。这两个动作是紧密相连的，而且变化较多、较难掌握。通过两者的联合动作可获得一定宽度、高度和一定熔深的焊缝。所谓焊接速度即单位时间内完成的焊缝长度。焊接速度太慢，会焊成宽而局部隆起的焊缝；太快，会焊成断续细长的焊缝；焊接速度适中时，才能焊成表面平整、焊波细致而均匀的焊缝。

（3）收尾 电弧中断和焊接结束时，应把收尾处的弧坑填满。若收尾时立即拉断电弧，则会形成比焊件表面低的弧坑。

在弧坑处常出现疏松、裂纹、气孔、夹渣等现象，因此焊缝完成时的收尾动作不仅是熄灭电弧，而且要填满弧坑。收尾动作有以下几种：

1）划圈收尾法。焊条移至焊缝终点时，作圆圈运动，直到填满弧坑再拉断电弧。主要适用于厚板焊接的收尾。

2）反复断弧收尾法。收尾时，焊条在弧坑处反复熄弧、引弧数次，直到填满弧坑。此

法一般适用于薄板和大电流焊接，但碱性焊条不宜采用，因其容易产生气孔。

　　3）回焊收尾法。焊条移至焊缝收尾处立即停止，并改变焊条角度回焊一小段。此法适用于碱性焊条。

　　当更换焊条或临时停弧时，应将电弧逐渐引向坡口的斜前方，同时慢慢抬高焊条，使熔池逐渐缩小。当液体金属凝固后，一般不会出现缺陷。

4.6 实习报告

1. 焊条电弧焊的线路连接如下图所示，回答下列问题：

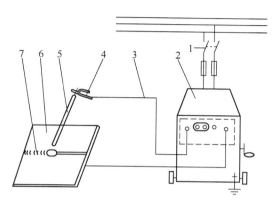

图 4-9 焊条电弧焊线路连接图

1）写出图中标号各部分的名称

1—_____

2—_____

3—_____

4—_____

5—_____

6—_____

7—_____

2）你实习中所用的设备名称是_____，型号是_____，其初级电压为_____，空载电压为_____，电流调节范围是_____。

3）你在堆平焊波练习时所采用的焊条型号是_____，焊条直径为_____，采用的焊接电流为_____。

2. 金属的焊接方法有_____、_____和_____三大类。

3. 焊条电弧焊焊接薄板时，为了防止烧穿，常采用直流_____法。

4. 选择电焊条直径主要取决于_____、_____、_____和_____。

5. 写出下列焊条电弧焊空间位置形式的名称。

(1) _____ (2) _____ (3) _____ (4) _____

6. 写出下列焊条电弧焊接头形式的名称。

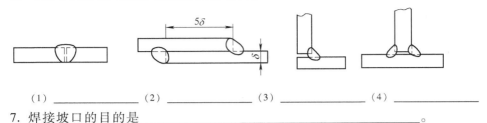

（1）_____（2）_____（3）_____（4）_____

7. 焊接坡口的目的是_____。

8. 写出下列手工电弧焊坡口形式的名称。

(1)_____   (2)_____

(3)_____   (4)_____

9. 焊接有什么特点？

10. 焊条电弧焊的设备有哪几种？各有什么特点？

11. 焊条电弧焊引弧后焊条应做哪三个基本运动？

第 5 章　车 削 加 工

5.1　实习目的与要求

1. 基础知识要求

1）了解金属切削，尤其是车削加工的基本知识、发展现状及趋势。

2）了解车床的型号、规格、主要组成部分及功能，了解车床传动原理。

3）了解常用车刀的组成、结构和材料。

4）了解车床上常见工件的装夹方法，了解车床常用附件的名称及用途。

5）了解车槽、钻孔、滚花和外螺纹加工的操作方法。

2. 基本技能要求

1）掌握车端面、车外圆的正确操作方法，独立完成金属锤柄的车削加工。

2）会使用常用量具。

3. 安全操作规程

1）需穿着整套军训服装，上衣袖口和衣服下摆一定要收紧，防止衣角挂上卡盘。穿着运动鞋或皮鞋，不能穿布鞋、拖鞋和凉鞋。

2）女生及长发男生必须将头发固定好，戴上帽子，防止头发卷入机床。操作时必须戴眼镜，防止切屑飞入眼睛。操作时严禁戴手套、围巾等，以免卷入机床。

3）两人一组实习时，可互相提醒，但只能一人动手操作。

4）开动机床前应将小刀架调整到合适位置，以免小刀架导轨碰撞卡盘而发生人身、设备事故。纵向或横向自动进给时，严禁大刀架或中刀架超过极限位置，以防刀架脱落或碰撞卡盘。

5）工件或工具必须安装牢固，以防飞出伤人。卡盘扳手用完后必须及时取下，否则不得开车，停车后，不能用手制动转动着的卡盘。

6）车削时，不能将头与正在旋转的工件靠得太近，人站立的位置应偏离切屑飞出方向，不能用手触摸或测量旋转的工件。

7）清除切屑时应用专用的工具，不能用手直接清除。

8）工作时要集中精神，不能在车床运转时离开车床或做其他事情。离开车床，必须停车。实习期间严禁玩手机、打闹、串工位或从事其他与实习无关的事。

9）工作结束后，应关闭电源，清除切屑，擦拭机床，加油润滑，保持良好的工作环境。

5.2　车削加工概述

在机械零件或工模具的制造过程中，通常要经过各种冷、热加工。冷加工，通常指金属的切削加工，即用切削工具从金属材料（毛坯）或工件上切除多余的金属，从而使工件获得具有一定形状、尺寸精度和表面粗糙度的加工方法。如车削、钻削、铣削、刨削、磨削、拉削等。热加工，则是在高于再结晶温度的条件下使金属材料同时产生塑性变形和再结晶的加工方法。热加工通常包括铸造、热轧、锻造和金属热处理等，有时也将焊接、热切割、热喷涂等包括在内。

在车床上用车刀进行的切削加工称为车削加工。车削加工是最基本、用途最广的一种切削加工方法，主要用于加工各种回转表面。如图 5-1 所示，车床的种类很多，有卧式车床、立式车床、仿形车床、数控车床、转塔车床及自动车床等，其中以卧式车床通用性最好，广泛使用。

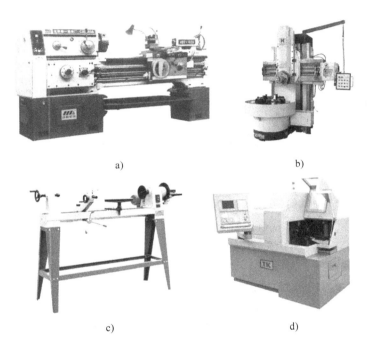

图 5-1　不同种类的车床
a）卧式车床　b）立式车床　c）仿形车床　d）数控车床

车削加工是利用工件的旋转和刀具的移动来改变毛坯形状和尺寸的一种加工方法，其中工件的旋转为主运动，刀具的移动为进给运动。

主运动是实现切削最基本的运动，其特点是速度高且消耗的动力较大；进给运动方向可以是平行于工件的轴线或垂直于工件的轴线，也可以是与中心线成一定角度的运动或做曲线运动，进给运动速度较低，所消耗的动力也较少。如图 5-2 中铅笔的旋转为主运动，铅笔刀的移动为进给运动。

车床是主要用车刀对旋转的工件进行车削加工的机床。在车床上还可用钻头、扩孔钻、铰刀、丝锥、板牙和滚花工具等进行相应的加工。在机械加工行业中，车床被认为是所有设备的工作"母机"。车床主要用于加工轴、盘、套和其他具有回转表面的工件，以圆柱体为主，是机械制造和修配工艺中使用最广的一类机床。铣床和钻床等进行旋转加工的机械都是从车床引伸出来的，车床的主要加工范围如图 5-3 所示。

图 5-2　车削运动

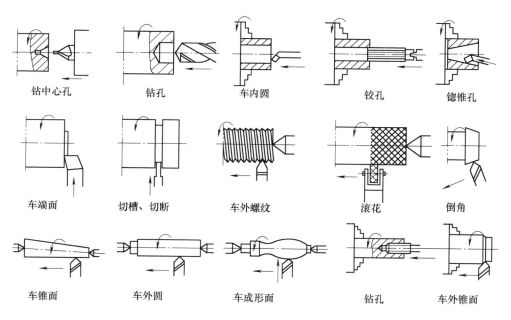

| 钻中心孔 | 钻孔 | 车内圆 | 铰孔 | 锪锥孔 |

| 车端面 | 切槽、切断 | 车外螺纹 | 滚花 | 倒角 |

| 车锥面 | 车外圆 | 车成形面 | 钻孔 | 车外锥面 |

图 5-3　车床的主要加工范围

　　为了便于管理和使用，每种机床都赋予一个型号，以表示机床的名称、特性、主要规格和结构特点。表 5-1 为常用的机床类代号和特性代号。

表 5-1　常用机床代号和特性代号

机床类代号	类别	车床	钻床	镗床	磨床	齿轮加工机床	螺纹加工机床	铣床	刨床	拉床	电加工机床	切断机床	其他机床
	代号	C	Z	T	M	Y	S	X	B	L	D	G	Q
	读音	车	钻	镗	磨	牙	丝	铣	刨	拉	电	割	其他
特性代号	通用特性	普通型	高精度	精密	自动	半自动	数字程序控制	自动换刀	仿形	万能	轻型	简式	
	代号	A	G	M	Z	B	K	H	F	W	Q	J	

以型号 CA6136 为例

C——机床类别代号（车床类）；

A——机床特性代号（普通型）；

6——机床组别代号（普通车床组）；

1——机床系别代号（卧式车床系）；

36——机床主参数代号（最大车削直径 360mm 的 1/10）。

5.3 车床结构

卧式车床有多种型号，其结构大致相同，图 5-4 为 CA6136 型卧式车床的外形，其主要组成部分如下所述。

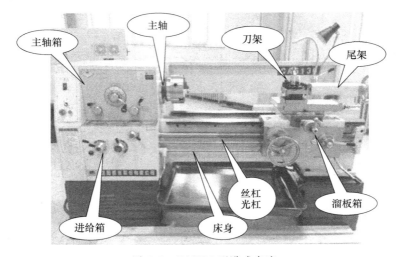

图 5-4 CA6136 型卧式车床

（1）主轴箱 又称床头箱，它的主要任务是将主电动机传来的旋转运动转变为主轴所需的正反两种转向的各种转速，同时主轴箱分出部分动力将运动传给进给箱。主轴箱中的主轴是车床的关键零件。主轴在轴承上运转的平稳性将直接影响工件的加工质量，一旦主轴的旋转精度降低，则机床的使用价值就会降低。

（2）进给箱 又称走刀箱，进给箱中装有进给运动的变速机构，调整其变速机构，可得到所需的进给量或螺距，通过光杠或丝杠将运动传至刀架以进行切削。

（3）溜板箱 溜板箱是车床进给运动的操作箱，内装有将光杠和丝杠的旋转运动变成刀架直线运动的机构，通过光杠传动实现刀架的纵向进给运动、横向进给运动和快速移动，通过丝杠带动刀架作纵向直线运动，以利于车削螺纹。

（4）刀架 用于安装车刀并带动车刀作纵向、横向或斜向运动。刀架是多层结构，主要由中刀架、方刀架、转盘、大刀架以及小刀架等部分组成，如图 5-5 所示。

1）大刀架。大刀架与溜板箱相连，可沿床身导轨作纵向移动。

2）中刀架。中刀架装置在大刀架顶面的横向导轨上，可作横向移动。

3）转盘。转盘固定在中刀架上，松开紧固螺母后，可转动转盘，使它和床身导轨成一个所需要的角度，而后再拧紧螺母，以加工圆锥面等。

4）小刀架。小刀架装在转盘上面的燕尾槽内，可作短距离进给移动。

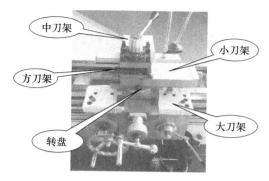

图 5-5 刀架的结构

5）方刀架。方刀架固定在小刀架上，可同时装夹四把车刀。松开锁紧手柄，即可转动方刀架，把所需要的车刀更换到工作位置上。

（5）尾架 尾架安装在床身导轨上，并沿其作纵向移动，以调整其工作位置。尾架主要用来安装后顶尖，以支撑较长工件，也可安装钻头、铰刀等以进行孔加工。尾架的结构如图 5-6 所示。

图 5-6 尾架的结构

（6）床身 床身带有精度要求很高的导轨（山形导轨和平导轨），是车床的一个大型基础部件。用于支撑和连接车床的各个部件，并保证各部件在工作时有准确的相对位置。

一般车床结构可以总结为"三箱两架一床身"。

车床各组件间的传动关系如图 5-7 所示。

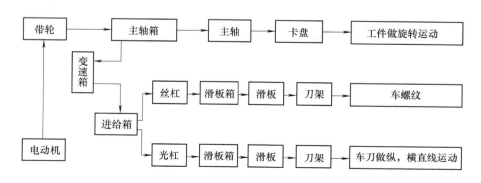

图 5-7 车床各组件间的传动关系

5.4   车削刀具

车刀是用于车削加工、具有一个切削部分的刀具。车刀是切削加工中应用最广的刀具之一。车刀的工作部分就是产生和处理切屑的部分，包括切削刃、使切屑断碎或卷拢的结构、排屑或储存切屑的空间、切削液的通道等结构要素。

常用的车刀材料有高碳钢、高速工具钢等。

（1）高碳钢　高碳钢是 $w_C = 0.8\% \sim 1.5\%$ 的一种碳素钢，经过淬火硬化后使用，在切削过程中，切屑摩擦时很容易回火软化，逐渐被由高速工具钢等组成的其他刀具所取代。一般仅适合于软金属材料的切削，如 T8、T10、T12 和 T13 等，但目前很少用。

（2）高速工具钢　高速工具钢为一种钢基合金，由其制造的刀具俗名白车刀，由 $w_C = 0.7\% \sim 0.85\%$ 的碳素钢中加入 W、Cr、V 及 Co 等合金元素而成。例如 W18Cr4V 高速工具钢材料中 $w_W = 18\%$、$w_{Cr} = 4\%$ 以及 $w_V = 4\%$。高速工具钢车刀在切削中产生的摩擦热可高达 600℃，适合转速 1000r/min 以下及螺纹的车削，一般高速工具钢车刀常用 W18Cr4V、W6Mo5Cr4V2 等制造。

（3）非铸铁合金　此为钴、铬及钨的合金，因切削加工很难，以铸造成形生产，故又称超硬铸合金，最具代表者为 Stellite，由其制造的刀具韧性及耐磨性极佳，在 820℃ 温度下其硬度仍不受影响，抗热程度远超出高速工具钢，适合高速切削工作。

另外还有烧结碳化刀具、陶瓷车刀、钻石刀具、氮化硼刀具等。

不同种类的车刀如图 5-8 所示，车刀按结构主要可分为整体车刀、焊接车刀和机夹车刀。

车刀由刀体和刀头两部分组成。刀头担任切削工作，刀体用来安装夹持车刀。如图 5-9 所示为最基本、最典型的外圆车刀，刀头由三个面，两个切削刃和一个刀尖组成：前刀面、主后刀面、副后刀面；主切削刃、副切削刃；刀尖。

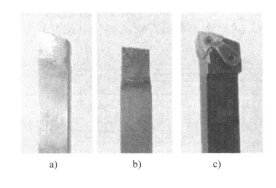

图 5-8   不同种类的车刀

a）整体式　b）焊接式　c）机夹式

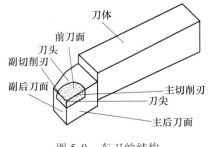

图 5-9   车刀的结构

1）前刀面为切屑流出的表面。

2）主后刀面为刀具与切削表面相对的表面。

3）副后刀面为刀具与已加工表面相对的表面。

4）主切削刃为前刀面与主后刀面的交线，担任主要的切削工作。

5）副切削刃为前刀面与副后面刀面的交线，担任等量的切削工作，有一定的修光作用。

6）刀尖为主切削刃和副切削刃相交的部分。

5.5　工夹量具及附件

车工实习用到的主要工夹量具和附件如图 5-10 所示。

a）卡盘扳手用以拆装卡盘。使用完毕要及时取下。

b）加力杆用以增大力矩。

c）游标卡尺（150mm），以卡尺和游标的刻度相配合来测量长度。

d）钢板尺（300mm）。

e）防护眼镜防止铁屑飞入眼睛。

f）板牙、板牙架用以切削外螺纹。

g）方刀架套筒用以拆装刀具。

h）中心钻是钻头的一种。

i）钻夹头用以安装钻头。

j）钻夹头扳手用以拆装钻夹头。

k）死顶尖（静止顶尖），安装在尾座上。

l）活顶尖（旋转顶尖），安装在主轴上。

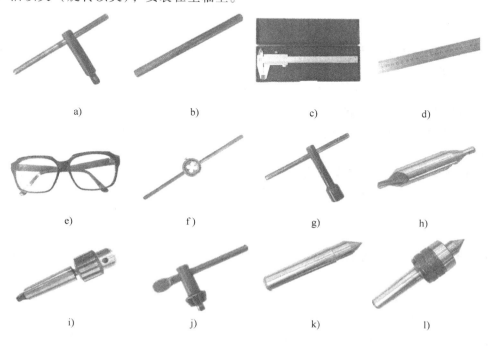

图 5-10　车床的主要附件

5.6　车工实习基本操作

（1）停车练习

1）正确变换主轴转速。转动变速箱和主轴箱外面的变速手柄如图 5-11a 所示，可得到各种相对应的主轴转速。当手柄拨动不顺利时，可用手微微转动卡盘。

2）正确变换进给量。按所选的进给量查看进给箱上的铭牌，再按铭牌上标识来变换手柄的位置，即可得到所选定的进给量（图 5-11b）。

3）熟练掌握纵向和横向手动进给手柄的转动方向，如图 5-11c 所示。左手握纵向进给手动手轮，右手握横向进给手动手柄。分别顺时针和逆时针旋转手轮，操纵刀架和溜板箱的移动方向。

4）熟练掌握纵向或横向机动进给的操作。光杠或丝杠接通手柄位于光杠接通位置上，将纵向机动进给手柄提起即可纵向进给，如将横向机动进给手柄向上提起即可横向机动进给。分别向下扳动则可停止纵、横机动进给。

5）尾座的操作。尾座靠手动移动，其固定靠紧固螺栓。如图 5-6 所示，转动尾座移动套筒手轮，可使套筒在尾架内移动，转动尾座锁紧手柄，可将套筒固定在尾座内。

　　　　　a)　　　　　　　　　　　　　　　　b)　　　　　　　　　　　　　　　　c)

图 5-11　停车手柄练习

（2）低速开车练习　练习前应先检查各手柄位置是否处于正确的位置，无误后进行开车练习。主要过程为：

1）主轴启动——→电动机启动——→操纵主轴转动——→停止主轴转动——→关闭电动机。

2）机动进给——→电动机启动——→操纵主轴转动——→手动纵横进给——→机动纵横进给——→手动退回——→机动横向进给——→手动退回——→停止主轴转动——→关闭电动机。

特别注意：

1）机床未完全停止时严禁变换主轴转速，否则可能发生严重的主轴箱内齿轮打齿甚至发生机床事故。开车前要检查各手柄是否处于正确位置。

2）纵向和横向进退不能摇错手柄方向，尤其是快速进退刀时要千万注意，防止发生安全事故。

3）横向进给手柄每转一格，刀具横向进给 0.02mm，其圆柱体直径方向切削量为 0.04mm。

（3）熟悉刻度盘　车削时，为了正确迅速地控制进给量，必须熟练使用中刀架和小刀架上的刻度盘（图 5-12）。

1）中刀架上的刻度盘。中刀架上的刻度盘是紧固在中刀架丝杠轴上的，丝杠螺母固定在中刀架上，当中刀架上的手柄带着刻度盘转一周时，中刀架丝杠也转一周，这时丝杠螺母带动中刀架移动一个螺距。所以中刀架横向进给的距离（即切深），可按刻度盘的格数计算。

a) b)

图 5-12 车床的刻度
a）中刀架刻度 b）小刀架刻度

刻度盘每转一格：横向进给的距离 = 丝杠螺距 ÷ 刻度盘格数（mm）

如 CA6136 车床中刀架丝杠螺距为 5mm，中刀架刻度盘等分为 250 格，当手柄带动刻度盘每转一格时，中刀架移动的距离为 $5mm ÷ 250 = 0.02mm$，即进给量为 0.02mm。由于工件是旋转的，所以工件上被切下的部分是车刀切深的 2 倍，即工件直径改变了 0.04mm。

必须注意：进刀时，如果刻度盘手柄过了头，或试切后发现尺寸不对而需将车刀退回时，由于丝杠与螺母之间有间隙存在，绝不能将刻度盘直接退回到所要的刻度，应反转约一周后再转至所需刻度。

2）小刀架刻度盘。小刀架刻度盘的使用与中刀架刻度盘相同，应注意两个问题：CA6136 车床刻度盘每转一格，带动小刀架移动的距离为 0.05mm；小刀架刻度盘主要用于控制工件长度方向的尺寸，与加工圆柱面不同的是小刀架移动了多少，工件的长度就改变多少。

（4）车削鸭嘴锤杆步骤

1）研究图样，测量原件 $\phi20mm × 215mm$。

2）车端面、倒角，工件外伸 30mm，对刀，车端面，如图 5-13 所示。

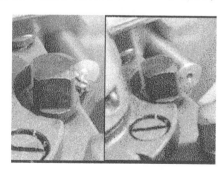

图 5-13 车削步骤（一）

3）打顶尖孔。倒角，钻中心孔，如图 5-14 所示。

4）车外圆。工件外伸 30mm，车另一端面，保证总长 210mm，如图 5-15 所示。

5）车端面、切槽。工件外伸 200mm，顶尖支撑，车 $\phi16mm$，长 192mm，如图 5-16 所示。

图 5-14　车削步骤（二）

图 5-15　车削步骤（三）

图 5-16　车削步骤（四）

6）套扣外螺纹。车 $\phi10$mm，长 18mm，切槽 3mm×1mm，如图 5-17 所示。

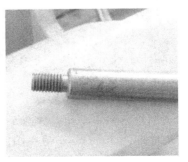

图 5-17　车削步骤（五）

5.7　实习报告

1. 你使用的车床的型号为 _____，其中各字母和数字的含义
是 _____。

2. 指出下图中所示卧式车床各部分名称及作用。

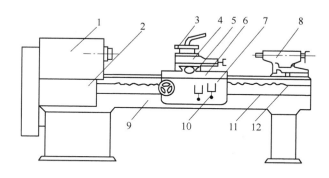

图 5-18　卧式车床

1— _____

2— _____

3— _____

4— _____

5— _____

6— _____

7— _____

8— _____

9— _____

10— _____

11— _____

12— _____

3. 车工是机加工的主要工种，常用于加工零件的 _____ 表面。基本的车削
工作有 _____、_____、_____、_____、
_____、_____、_____ 和 _____ 八种。

4. 车床的主运动是 _____，进给运动是 _____；

5. 中滑板（横刀架）向前移动，其手柄应按 _____ 方向转动；向后移动，
其手柄应按 _____ 方向转动。

6. 指出图 5-19 中外圆车刀刀头各部分名称。

1 _____

2 _____

3 _____

4 _____

5 _____

6 _____

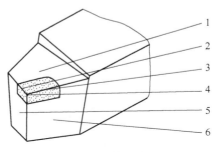

图 5-19　外圆车刀

7. 在 CA6136 车床上，当配换齿轮齿数一定，进给箱能得到 12 种不同的进给量，主轴箱有 8 种不同的转速。通过改变主轴箱和进给箱上各手柄的位置，能否得到 12×8 种不同的进给量？为什么？

_____。

8. 自定心卡盘装夹工件的特点是：_____；单动卡盘装夹工件的特点是：_____。

9. 车削操作时，更换主轴转速应先_____再变速。

10. 刀具材料应具备什么样的性能？

11. 对于精度要求较高的工件，车外圆时为什么将粗车和精车分开？

12. 常用车床附件有哪些？说出主要特点和应用范围。

第6章 铣削加工

6.1 实习目的与要求

1. 基本知识要求

1）了解铣床加工的基本知识、发展现状及趋势。

2）了解铣床的型号及用途，了解铣床的主要组成部分及其作用。

3）了解铣刀常用的材料和常用铣刀的结构特点。

4）了解铣床上常见工件的装夹方法，了解铣床常用附件的名称及用途。

2. 基本技能要求

1）掌握铣削的基本加工方法，能够进行简单平面的操作。

2）熟悉常用测量方法。

3. 操作注意事项

1）需穿着整套军训服装，上衣袖口和衣服下摆一定要收紧，防止衣角挂上卡盘。穿运动鞋或皮鞋，不能穿布鞋、拖鞋和凉鞋。女生及长发男生必须将头发固定好，戴上帽子，防止头发卷入机床。

2）铣床结构比较复杂，操作前必须熟悉铣床性能及调整方法。

3）铣床运转时不得调整速度（扳动手柄），如需调整铣削速度，应停车后进行。

4）注意铣刀转向及工作台运动方向，不得随意更改铣削用量。

5）不得用手触碰旋转的刀具、主轴，清除铁屑要用毛刷，严禁用手抓或用嘴吹，以免铁屑伤人。

6）操作时，头不能过分靠近铣削部位，防止切削飞入眼睛或烫伤皮肤。必要时应戴防护眼镜。

7）铣削进行中，不准用手触碰或测量工件，不准用手清除切屑。停机后，不准用手制动旋转铣刀。

8）装卸工件，调整部件时必须停机。

6.2 铣削加工概述

铣削是指使用旋转的多刃刀具切削工件，是高效率的加工方法。如图 6-1 所示的削苹果动作和扫地车，工作时刀具旋转（主运动），工件移动（进给运动）。工件也可以固定，但此时旋转的刀具还必须移动（同时完成主运动和进给运动）。

铣床是用铣刀对工件进行铣削加工的机床。铣床除能铣削平面、沟槽、轮齿、螺纹和花键轴外，还能加工比较复杂的型面，效率比刨床高，在机械制造和修理部门得到广泛应用，铣床主要加工范围如图 6-2 所示。

图 6-1　铣削运动

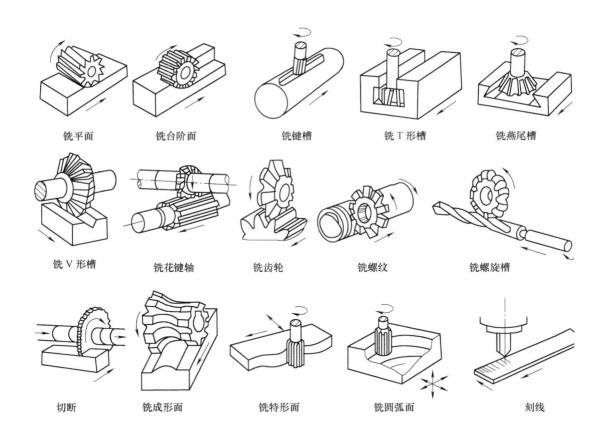

图 6-2　铣床主要加工范围

6.3　铣床结构

铣床结构如图 6-3 所示，主要由床身、主轴、工作台（横向工作台、纵向工作台），升降台和底座组成，如图 6-3 所示。

（1）床身　机床的最大组成部分，用来固定和支撑铣床上所有的零部件。顶面上有供横梁移动用的水平导轨。前壁有燕尾形的垂直导轨，供升降台上下移动。内部装有主电动机、主轴变速机构、主轴、电器设备及润滑液压泵等部件。

（2）主轴　用来安装刀杆并带动其旋转。主轴是一空心轴，前端有 7∶24 的精密锥孔，其作用是安装铣刀刀杆锥柄。

（3）工作台　分为纵向工作台和横向工作台。纵向工作台由纵向丝杠带动在转台的导轨上

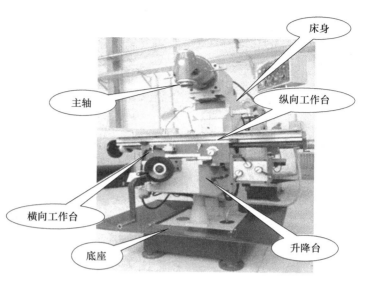

图 6-3　铣床的结构

作纵向移动，以带动台面上的工件作纵向进给，台面上的 T 形槽用于安装夹具或工件。横向工作台位于升降台的水平导轨上，可带动纵向工作台一起作横向进给。

（4）升降台　升降台以用于整个工作台沿床身的垂直导轨上下移动，调整工件与铣刀的距离和垂直进给。

（5）底座　底座主要用于支撑床身和升降台，底部可存储切削液。

6.4　铣削刀具

铣刀是一种多刃刀具，其种类很多，按照铣刀的安装方式不同可分为带孔铣刀和带柄铣刀。通过铣刀的孔来安装的铣刀称为带孔铣刀，一般用于卧式铣床；通过刀柄来安装的铣刀称为带柄铣刀，带柄铣刀又分为直柄铣刀和锥柄铣刀。常见的各种铣刀如图 6-4 所示。

（1）带柄铣刀　带柄铣刀有直柄和锥柄之分。一般直径小于 20mm 的较小铣刀做成直柄。直径较大的铣刀多做成锥柄，多用于立铣加工。

1）由于端铣刀刀齿分布在铣刀的端面和圆柱面上，其多用于在立式升降台铣床上加工平面，也可用于在卧式升降台铣床上加工平面。

2）立铣刀适于铣削端面、斜面、沟槽和台阶面等。

3）键槽铣刀和 T 形槽铣刀专门加工键槽和 T 形槽。

4）燕尾槽铣刀专门用于铣燕尾槽。

（2）带孔铣刀　带孔铣刀适用于卧式铣床加工，能加工各种表面，应用范围较广。

1）圆柱铣刀由于仅在圆柱表面上有切削刃，故用于在卧式升降台铣床上加工平面。

2）三面刃铣刀和锯片铣刀。三面刃铣刀一般用于在卧式升降台铣床上加工直角槽，也可以加工台阶面和较窄的侧面等。锯片铣刀主要用于切断工件或铣削窄槽。

3）指形齿轮铣刀。指形齿轮铣刀主要用于加工齿轮。

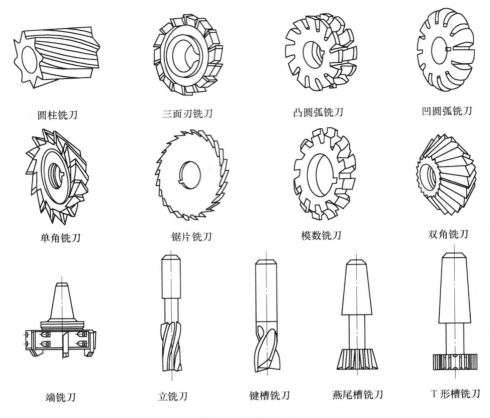

圆柱铣刀	三面刃铣刀	凸圆弧铣刀	凹圆弧铣刀
单角铣刀	锯片铣刀	模数铣刀	双角铣刀
端铣刀	立铣刀	键槽铣刀	燕尾槽铣刀	T形槽铣刀

图 6-4　常见铣刀

6.5　夹具和附件

（1）平口钳　平口钳的作用主要是装夹工件。在使用时，先校正平口钳在工作台上的位置，然后再夹紧工件。一般用于小型较规则的零件，如较方正的板块类零件、盘套类零件、轴类零件和小型支架等。平口钳安装工件时，应注意：①使工件被加工面高于钳口，否则应用垫铁垫高工件；②防止工件与垫铁间有间隙；③为保护工件的已加工表面，可以在钳口与工件之间垫软金属片。

（2）分度头　分度头的主要作用是等分工件。在铣削加工中，常会遇到铣四方、六方、齿轮、花键、刻线加工螺旋槽及球面等工作。这时，就需要利用分度头分度。因此，分度头是万能铣床的重要附件。

分度头安装工件一般用在等分工作中。它既可以使用分度头卡盘（或顶尖）与尾架顶尖一起使用以安装轴类零件，也可以只使用分度头卡盘安装工件。又由于分度头的主轴可以在垂直平面内转动，因此可以利用分度头在水平、垂直及倾斜位置处安装工件。

（3）立铣头　立铣头是卧式升降台铣床的主要附件，用以扩大铣床的使用范围和功能。立铣头主轴可以在相互垂直的两个回转面内回转，不仅能完成立铣、平铣工作，而且可以在工件一次装卡中，进行各种角度的多面、多棱、多槽的铣削。

（4）回转工作台　回转工作台可以扩大铣床加工范围。回转工作台又称为转盘、平分盘、圆形工作台等，主要用于较大零件的分度工作或非整圆弧面的加工。它的内部有一套蜗轮蜗杆。转动手轮，通过蜗杆轴，就能直接带动与转台相连接的蜗轮转动。转台周围有刻度，可以用来观察和确定转台位置。拧紧固定螺钉，转台固定。转台中央有一孔，利用它可以方便地确定工件的回转中心。当底座上的槽和铣床工作台的 T 形槽对齐后，即可用螺栓把回转工作台固定在铣床工作台上。

（5）其他附件　有些工件较大或形状特殊，需要用压板、螺栓和垫铁，把工件直接固定在工作台上进行铣削。安装时先把工件找正。

6.6　铣工实习基本操作

铣削平面的步骤及操作要点如下：

（1）选择铣刀　根据工件的形状及加工要求选择铣刀，加工较大平面应选择端铣刀（图 6-5），加工较小平面一般选择铣削平稳的圆柱螺旋铣刀。铣刀的宽度应尽量大于待加工表面的宽度，以减少走刀次数。

铣刀　＋　刀柄　＝　带柄铣刀

图 6-5　端铣刀结构

（2）安装铣刀　按照操作流程正确安装铣刀。

（3）选择夹具及装夹工件　根据工件的形状、尺寸及加工要求选择平口钳、回转工作台、分度头或螺栓压板等，工件的安装如图 6-6 所示。

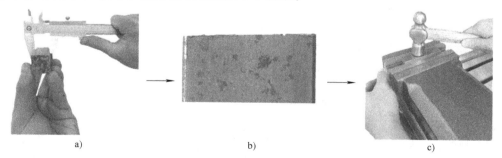

a)　　　　　　　　　b)　　　　　　　　　c)

图 6-6　工件的安装

a）测量尺寸　b）锉毛刺　c）扶垫铁敲工件

（4）选择铣削用量　根据工件材料特性、刀具材料特性、加工余量、加工要求等制订合理的加工顺序和切削用量。

（5）调整机床　检查铣床各部件及手柄位置，调整主轴转速及进给速度，具体流程如图 6-7 所示。

a)　　　　　　　　　　b)　　　　　　　　　　c)

图 6-7　调整机床

a）手柄齿牙要松开　b）纵向位置　c）熟悉操作面板

（6）铣削操作

1）开动车床使铣刀旋转，升高工作台，让铣刀与工件轻微碰触，当看到工件有划痕，听到有声音时铣刀旋转，工件远离铣刀，完成对刀操作，如图 6-8 所示。

a)　　　　　　　　　　b)　　　　　　　　　　c)

图 6-8　对刀的步骤

a）铣刀旋转，工件靠近选刀　b）看到有划痕，听到有声音　c）铣刀旋转，工件远离铣刀

2）水平方向退出工件，停车，将垂直进给丝杠刻度盘对准零线。

3）根据刻度盘刻度将工作台升高到预定的切削深度，紧固升降台和横向进给手柄。

4）开动车床使铣刀旋转，先手动纵向进给，当工件被轻微切削后改用自动进给。

5）铣削一遍后，停止自动进给，停车，下降工作台。

6）铣后处理。对铣削后的工件进行锉平毛刺处理，如图 6-9 所示。

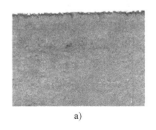
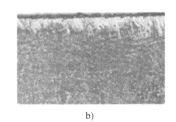

a)　　　　　　　　　　b)　　　　　　　　　　c)

图 6-9　铣削后的处理

a）边缘毛刺　b）锉平毛刺　c）加工后

7）测量工件尺寸，观察加工表面质量，重复对工件进行铣削加工，直到达到合格尺寸。

6.7　实习报告

1. 你使用的铣床的型号为 _____，其中各字母和数字的含义是 _____。

2. 铣削加工的尺寸公差等级一般为 _____，表面粗糙度 Ra 值一般为 _____。铣床的主运动是 _____，进给运动是 _____。

3. 卧式铣床（卧铣）与立式铣床（立铣）的主要区别是：

卧式铣床：_____。

立式铣床：_____。

4. 注明图 6-10 所示卧式铣床中各部分名称。

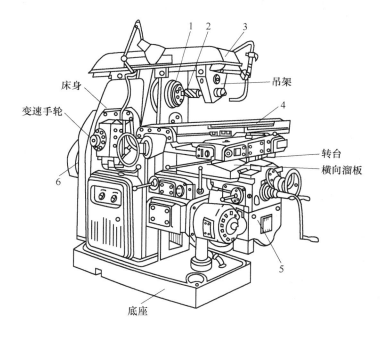

图 6-10　卧式铣床

（1）_____　（2）_____　（3）_____

（4）_____　（5）_____　（6）_____

5. 写出铣床主要附件的名称及其作用，并回答有关问题。

（1）_____，作用是 _____。

（2）_____，作用是 _____。

（3）_____，作用是 _____。

（4）_____，作用是 _____。

6. 写出下列带孔铣刀的名称。

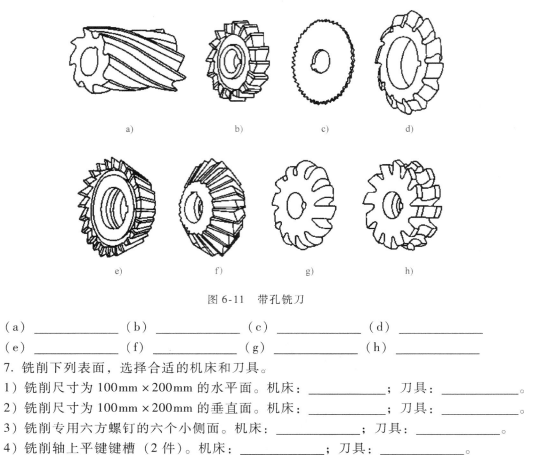

图 6-11　带孔铣刀

（a）_____　（b）_____　（c）_____　（d）_____

（e）_____　（f）_____　（g）_____　（h）_____

7. 铣削下列表面，选择合适的机床和刀具。

1）铣削尺寸为 100mm×200mm 的水平面。机床：_____；刀具：_____。

2）铣削尺寸为 100mm×200mm 的垂直面。机床：_____；刀具：_____。

3）铣削专用六方螺钉的六个小侧面。机床：_____；刀具：_____。

4）铣削轴上平键键槽（2 件）。机床：_____；刀具：_____。

5）铣削 T 形槽。刀具：_____。

6）铣削 V 形槽。刀具：_____。

7）利用圆形工作台铣削非整圆的圆弧槽。机床：_____；刀具：_____。

8. 铣床操作的安全注意事项有哪些？

9. 铣削的主要加工范围是什么？

10. 铣削进给量有哪几种表示方法？它们之间有什么关系？

第7章 钳 工

7.1 实习目的与要求

1. 基本知识要求

1）了解钳工在机械制造及维修中的作用。

2）了解钳工的主要加工方法和应用，了解常用工具、量具的操作和测量方法。

3）了解机器装配的初步知识。

2. 基本技能要求

1）初步掌握常用工具、量具的使用方法。

2）能够独立完成钳工的基本操作。

3. 安全操作规程

1）进入实习基地需穿着整套军训服装，上衣袖口和衣服下摆一定要收紧；穿着运动鞋或皮鞋，不能穿布鞋、拖鞋、凉鞋；女生及长发男生必须将头发固定好，戴上帽子。

2）工量具应摆放在取用方便的位置，左手用的放在台虎钳左边，右手用的放在台虎钳右边，各自排列整齐，且不能伸到钳台以外。

3）在钳台上夹紧工件时，不得用手锤敲打台虎钳的螺丝扳杆，也不得用过重过大的锤敲击被夹的工件。

4）操作前应检查工件的装夹是否正确与牢固。

5）使用钻床时，头部和身体不能与钻头靠得太近。在钻削过程中，严禁戴手套操作，以防手被卷入而造成伤害。

6）在锉削工件时，必须戴好防护眼镜和手套。锯削工件时，工件必须牢固地固定在台虎钳的右侧，以防锯条折断伤人。

7）不允许直接用手清除切屑，也不许用嘴吹。

8）毛坯和加工零件应放置在规定位置，排列整齐平稳，要保证安全，便于取放，并避免碰伤已加工表面。

9）爱护设备。量具不能与工具混放在一起，不能把工具或工件压在量具上，量具用完后，要用纱布抹干净并放回量具盒内。

10）下课前要把在钳口夹持着的工件卸下，把工量具收进工具箱保管好，清扫工作台和车间。

7.2 钳工概述

钳工是以手工操作为主的切削加工方法。因常在钳台上用台虎钳夹持工件操作而得名。钳工是一种比较复杂、细微、工艺要求较高的工作。钳工作业主要包括錾削、锉削、锯削、划线、钻削、铰削、攻丝和套螺纹、刮削、研磨、矫正、弯曲和铆接等。

　　如图 7-1 所示，目前虽然有各种先进加工设备，但钳工所用工具简单，具有加工多样灵活、操作方便，适应面广等特点，故有很多工作仍需要由钳工来完成，钳工在机械制造及机械维修中有着特殊的、不可取代的作用。

　　1）划线、刮削、研磨和机械装配等钳工作业，至今尚无适当的机械设备可以全部代替。

　　2）某些精密的样板、模具、量具和配合表面（如导轨面和轴瓦等），仍需要依靠工人的手艺做精密加工。

　　3）在单件小批生产、修配工作或缺乏设备条件的情况下，采用钳工制造某些零件仍是一种经济实用的方法。

图 7-1　钳工的应用范围

　　钳工加工有以下特点：

　　1）加工灵活。在不适于机械加工的场合，尤其是在机械设备的维修工作中，钳工可获得满意的效果。

　　2）可加工形状复杂和精度高的零件。技术熟练的钳工可加工出比现代化机床加工的零件还要精密的零件，可以加工出连现代化机床也无法加工的形状非常复杂的零件，如高精度量具、样板、复杂的模具等。

　　3）投资小。钳工加工所用工具和设备价格低廉，携带方便。

　　4）生产效率低，劳动强度大。

　　5）加工质量不稳定。加工质量的高低受工人技术熟练程度的影响。

　　钳工应用范围很广，可以完成以下工作：

　　1）零件加工前的准备工作，如毛坯的表面清理、在工件上划线等。

　　2）零件装配前的钻孔、铰孔、攻丝和套扣等工作。

　　3）精密零件的加工，如研磨、锉制样板和制作模具等。

　　4）机器设备的装配、调试和维修等。

　　5）在单件、小批量生产中，制造一般的零件。

7.3　钳工相关工序

1. 锉削

用锉刀对工件表面进行切削加工，使工件达到所要求的尺寸、形状和表面粗糙度的操作叫锉削。锉削精度可以达到 0.01mm，表面粗糙度可达 $Ra0.8\mu m$。

锉削的应用范围很广，可以锉削平面、曲面、外表面、内孔、沟槽和各种形状复杂的表面。还可以配键、做样板、修整个别零件的几何形状等。

如图 7-2 所示，常用锉刀分普通锉和整形锉（什锦锉）两类。普通锉按其断面形状分为平锉（扁锉）、方锉、三角锉、半圆锉和圆锉 5 种。

1）平锉用来锉平面、外圆面、凸弧面和倒角。

2）方锉用来锉方孔、长方孔和窄平面。

3）三角锉 用来锉内角、三角孔和平面。

4）半圆锉用来锉凹圆弧面和平面。

5）圆锉用来锉圆孔、凹圆弧面和椭圆面。

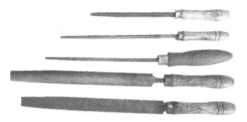

图 7-2　锉刀的分类

锉削加工非常消耗体力，因此需要注意操作姿势。基本姿势的正确与否，在效率和疲劳程度上会有很大差别。正确的锉削姿势如图 7-3 所示。

1）开始锉削时身体要向前倾斜 10°左右，左肘弯曲，右肘尽量向后收缩。

2）锉削最初 1/3 行程时身体向前倾斜 15°左右，左膝有弯曲。

3）锉削其次 1/3 行程时，右肘向前推进锉刀，身体逐渐前倾到 18°左右。

4）锉最后 1/3 行程时，右肘继续推进锉刀，但身体则需自然退回至 15°左右。

5）锉削行程结束时，手和身体恢复到开始姿势，同时锉刀略提起退回原位。

图 7-3　锉削的姿势

平面的锉法有：顺向锉、交叉锉和推锉等。

1）顺向锉。顺向锉是最普通的锉削方法。锉刀运动方向与工件夹持方向始终一致，面积不大的平面和最后锉光都是采用这种方法。顺向锉可得到正直的锉痕，比较整齐美观。

2）交叉锉。锉刀与工件夹持方向约呈35°，且锉痕交叉。交叉锉时锉刀与工件的接触面积增大，锉刀容易掌握平稳。交叉锉一般用于粗锉。

3）推锉。推锉一般用来锉削狭长平面，当顺向锉受阻时使用。推锉不能充分发挥手臂的力量，故锉削效率低，只适用于加工余量较小和修整尺寸时使用。

2. 划线

在工件毛坯上标记出要加工的部位，指引切削加工。分为平面画线和立体划线。在毛坯上做出两维空间平面内的加工记号为平面划线；在毛坯表面上做出三维空间的加工记号为立体划线。划线工具如图 7-4 所示，常用划线工具有划线平板、划针盘、划规、中心冲（样冲）、直角尺、游标高度尺、V 形铁等。

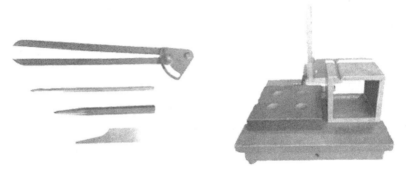

图 7-4　划线的工具

3. 锯削

锯削是指利用手锯锯断金属材料（或工件）或在工件上进行切槽的操作。

手锯由锯弓和锯条两部分组成，如图 7-5 所示，有可调式锯弓和固定式锯弓两种。手锯是向前推时进行切削，向后返回时不起切削作用，因此安装锯条时应锯齿向前；锯条的松紧

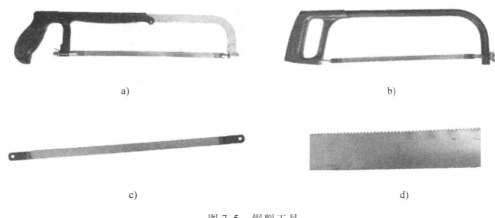

a)　　　　　　　　　　　　　　　　　　b)

c)　　　　　　　　　　　　　　　　　　d)

图 7-5　锯削工具

a）可调式锯弓　b）固定式锯弓　c）锯条　d）锯齿

要适当，太紧失去了应有的弹性，锯条容易崩断；太松会使锯条扭曲，锯缝歪斜，锯条也容易崩断。

起锯方式有远起锯（图 7-6a）、近起锯（图 7-6b）、平起锯（图 7-6c）三种。一般情况采用远起锯，因为此时锯齿逐步切入材料，不易卡住，起锯比较方便。起锯角 α 以 15°左右为宜。为了起锯的位置正确和平稳，可用左手大拇指挡住锯条来定位。起锯时压力要小，往返行程要短，速度要慢，这样可使起锯平稳。

锯削时，手握锯弓要舒展自然，右手握住手柄向前施加压力，左手轻扶在弓架前端，稍加压力，图 7-6d 中左手握住锯弓为错误姿势，锯条断裂时容易割伤。人体重量均布在两腿上。锯削时速度不宜过快，以 30～60 次/min 为宜，应用锯条全长的 2/3 工作，以免锯条中间部分迅速磨钝。

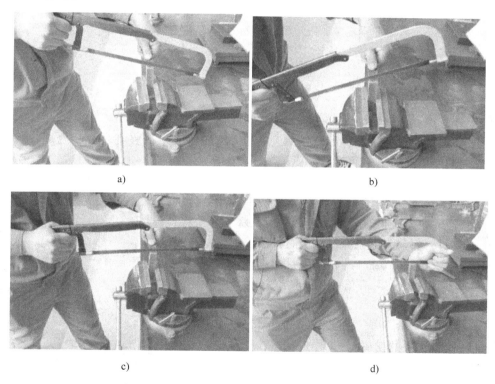

图 7-6　起锯形式和错误姿势
a）远起锯　b）近起锯　c）平起锯　d）错误姿势

4. 钻孔

钻孔是指用钻头在实体材料上加工出孔的操作，主要用到的工具有样冲和台钻（图 7-7）。

1）样冲。样冲主要用于在钻孔中心处冲出冲眼，防止钻孔中心滑移。

2）台钻。台钻可安放在作业台上，主轴垂直布置的小型钻床，主要由头架、立柱、主轴、工作台和底座组成。对于钳工来讲，钻孔是唯一使用机械进行加工的工序，要注意安全操作，以防出现意外伤害事故。

5. 攻丝

制作内螺纹的过程称为攻丝，所用工具叫做丝攻，操作时有以下注意事项：

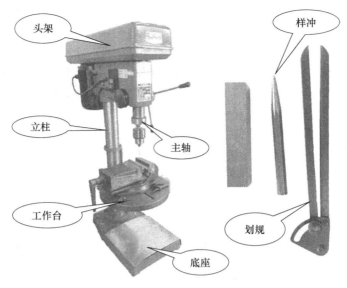

图 7-7 钻孔的工具

1）工件上螺纹底孔的孔口要倒角，通孔螺纹两端都倒角。

2）工件夹持位置要正确，尽量使螺纹孔中心线置于水平或竖直位置，使攻丝时容易判断丝锥轴线是否垂直于工件的平面。

3）在攻丝开始时，要尽量把丝锥放正，然后对丝锥加压并转动铰杠，当切入 1～2 圈时，仔细检查和校正丝锥的位置。一般切入 3～4 圈螺纹时，丝锥位置应正确无误。以后，只需转动铰杠，而不应再对丝锥加压力，否则螺纹牙型将被损坏。

4）攻丝时，每转动铰杠 1/2～1 圈，就应倒转约 1/2 圈，使切屑碎断后容易排出，并可减少切削刃因粘屑而使丝锥轧住。

5）遇到攻不通孔的螺纹时，要经常退出丝锥，排除孔中的切屑。

6. 其他工具

包括直角、钢板、游标卡尺、台虎钳等。如图 7-8 所示，台虎钳主要由活动钳口、固定钳口、丝杠、夹紧手柄和转盘座组成。

图 7-8 台虎钳

7.4 钳工实习基本操作

1）研究图样，测量原件。

2）依次锉削四个平面。

首先锉削四方体的一个侧面，然后分别锉削另两个侧面使它们都垂直于已加工面，最后锉削四方体的一个端面，如图 7-9 所示。

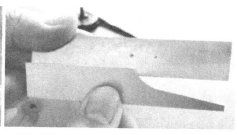

图 7-9　钳工实习操作 （一）

3）划线。按图样要求完成划线工作。

4）锯削。首先用钢板尺和划针在样板所划的线外约 2mm 处划出两条线，然后根据此线进行锯削，留出加工余量，防止尺寸锯小。工件快断时，不能用力过猛，防止砸脚或者碰伤手，如图 7-10a 所示。

5）打孔。首先把钻孔的冲眼冲大些，然后将工件固定在钻台上，使工件与钻头成垂直位置，对准冲眼先钻一个小坑，检查位置与所划的圆是否有偏移后继续钻孔，如图 7-10b、c 所示。

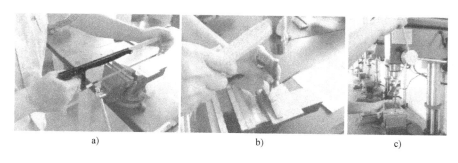

a)　　　　　　　　　　　　b)　　　　　　　　　　　　c)

图 7-10　钳工实习操作 （二）

6）攻丝和打磨。具体操作如图 7-11 所示。

图 7-11　钳工实习操作 （三）

7.5　实习报告

1. 钳工的基本操作主要有 _____、_____、_____、_____、_____、_____、_____、_____。

2. 钳工常用的划线工具有 _____、_____、_____、_____、_____。

3. 常用的划线基准有 _____、_____、_____。

4. 写出图 7-12 中可调式锯弓各组成部分的名称。

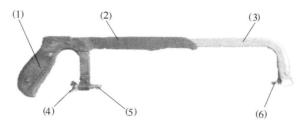

图 7-12　可调节锯弓

（1）_____　（2）_____　（3）_____
（4）_____　（5）_____　（6）_____

5. 钳工用的手锯条一般由 _____材料制成。锯削软材料或较厚材料时应选用 _____齿锯条，锯削硬材料或较薄材料时应选用 _____齿锯条。

6. 钳工手锯安装锯条时，锯齿尖的安装方向应向 _____。

7. 锯齿的排列多为波形，以减少 _____和 _____间的摩擦。

8. 锉刀是用 _____制成，经过 _____淬硬的切削工具。

9. 写出图 7-13 所示不同锉刀的名称。

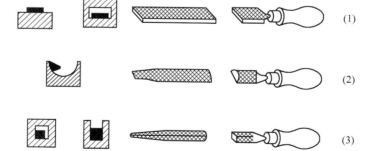

（1）

（2）

（3）

（4）

（5）

图 7-13　锉刀

（1）＿＿＿＿＿＿＿　（2）＿＿＿＿＿＿＿　（3）＿＿＿＿＿＿＿

（4）＿＿＿＿＿＿＿　（5）＿＿＿＿＿＿＿

10. 夹持已加工表面时，应在台虎钳钳口与工件之间衬垫＿＿＿＿＿＿＿，以免夹伤工件表面。

11. 钳工常用的钻床有：＿＿＿＿＿＿＿、＿＿＿＿＿＿＿和＿＿＿＿＿＿＿，分别适用于＿＿＿＿＿＿＿工件、＿＿＿＿＿＿＿工件和＿＿＿＿＿＿＿工件上的孔加工。

12. 钻孔时经常将钻头退出，其目的是＿＿＿＿＿＿＿＿＿＿＿＿＿＿＿＿＿。

13. 划线的作用是什么？

14. 指出加工有纹表面要用哪种锉削方法？

15. 台钻、立钻和摇臂钻的结构和用途各有何不同？

第8章 数控加工

8.1 实习目的与要求

1. 基础知识要求

1）了解数控以及数控系统分类。

2）了解数控加工基本知识、发展现状及趋势。

3）了解数控机床加工特点、加工范围以及相对于传统加工的优势。

4）了解数控编程方法，同时能独立编写简单轴类零件数控程序。

5）了解加工中心基本知识、发展现状及趋势。

2. 基本技能要求

1）掌握数控车床简单零件的编程。

2）能独立完成简单零件的加工。

3）会使用常用量具检测加工完成的工件。

3. 安全操作规程

1）需穿着整套军训服装，上衣袖口和衣服下摆一定要收紧，防止衣角挂上卡盘。穿着运动鞋或皮鞋，不能穿布鞋、拖鞋、凉鞋。

2）女生及长发男生必须将头发固定好，戴上帽子，防止头发卷入机床。操作时必须戴防护眼镜，防止切屑飞入眼睛。操作时严禁戴手套、围巾等，以免卷入机床。

3）两人一组实习时，可互相提醒，但只能一人动手操作。

4）开动机床前应将刀架调整到合适位置，以免刀架和刀具碰撞卡盘发生人身、设备事故。纵向或横向进给时，严禁刀架超过极限位置，以防刀架超行程或碰撞卡盘。

5）工件或工具必须安装牢固，以防飞出伤人。卡盘扳手用完后必须及时取下，否则不得开动车床，停车后，不能用手去制动转动的卡盘。

6）加工时把机床保护门关好，以免发生人身事故。

7）清除切屑时应用专用的工具，不能用手直接清除。

8）工作时要集中精神，不能在机床运转时离开机床或做其他事情，离开机床，必须停车。实习期间严禁玩手机、打闹、串工位或其他与实习无关的事。

9）工作结束后，应关闭电源，清除切屑，擦拭机床，保持良好的工作环境。

8.2 数控加工概述

数控是数字控制的简称，数控技术是利用数字化信息对机械运动及加工过程进行控制的一种方法。数控技术和数控装备是制造工业现代化的重要基础，图8-1所示为不同种类的数控设备。数控技术直接影响一个国家的经济发展和综合国力，关系到一个国家的战略地位。

因此，工业发达国家均大力发展自己的数控技术及其产业。

在我国，数控技术与装备的发展也得到了高度重视，取得了相当大的进步。特别是在通用微型计算机数控领域，以 PC 平台为基础的国产数控系统，已经走在了世界前列。但是，我国在数控技术研究和产业发展方面也存在不少问题，特别是在技术创新能力、商品化进程、市场占有率等方面尤为突出。目前如何有效解决这些问题，使我国数控领域沿着可持续发展的道路，从整体上全面迈入世界先进行列，使我们在国际竞争中有举足轻重的地位，将是数控研究开发部门和生产厂家所面临的重要任务。

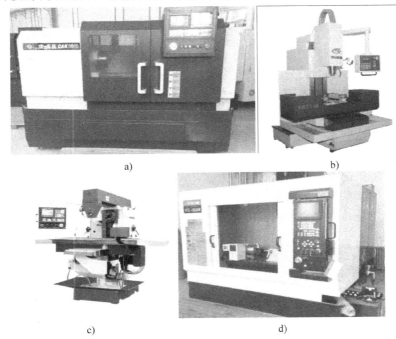

图 8-1　不同种类的数控设备

a）数控车床　b）立式数控铣床　c）卧式数控铣床　d）加工中心

（1）数控车床　数控车床、车削中心，是一种高精度、高效率的自动化机床。配备多工位刀塔或动力刀塔，机床具有广泛的加工工艺性能，可加工直线圆柱、斜线圆柱、圆弧和各种螺纹、槽、蜗杆等复杂工件，具有直线插补、圆弧插补等各种补偿功能，在复杂零件的批量生产中发挥了良好的经济效果。

（2）数控铣床　数控铣床可以三轴联动，用于加工各类复杂的、曲面和壳体类零件。它可分为数控立式铣床、数控卧式铣床、数控仿形铣床等。随着数控机床的发展数控铣床趋于发展为数控加工中心。

（3）加工中心　加工中心（Computerized Numerical Control Machine），是由机械设备与数控系统组成的用于加工复杂形状工件的高效率自动化机床。加工中心备有刀库，具有自动换刀功能，是对工件一次装夹后进行多工序加工的数控机床。加工中心是高度机电一体化产品，工件装夹后，数控系统能控制机床按不同工序自动选择、更换刀具，自动对刀，自动改变主轴转速、进给量等，可连续完成钻、镗、铣、铰、攻丝等多种工序，因而大大减少了工件装夹时间、测量和机床调整等辅助工序时间，对加工形状比较复杂，精度要求较高，品种更换频繁的零件具有良好的经济效果。

数控机床有以下特点：

（1）具有高度柔性 在数控机床上加工零件，主要取决于加工程序，它与普通机床不同，不必制造、更换许多工具、夹具，不需要经常调整机床。因此，数控机床适用于零件频繁更换的场合。也就是适合单件、小批量生产及新产品的开发，缩短了生产准备周期，节省了大量工艺设备的费用。

（2）加工精度高 数控机床的加工精度，一般可达到 0.005 ~ 0.1mm，数控机床是按数字信号形式控制的，数控装置每输出一个脉冲信号，则机床移动部件移动一个脉冲当量（一般为 0.001mm），而且机床进给传动链的反向间隙与丝杠螺距平均误差可由数控装置进行补偿，因此，数控机床定位精度比较高。

（3）加工质量稳定、可靠 加工同一批零件，在同一机床、相同加工条件下，使用相同刀具和加工程序，刀具的进给轨迹完全相同，零件的一致性好，质量稳定。

（4）生产率高 数控机床可有效减少零件的加工时间和辅助时间，数控机床的主轴转速和进给量的范围大，允许机床进行大切削量的强力切削，数控机床目前正进入高速加工时代，数控机床移动部件的快速移动、定位及高速切削加工，减少了半成品的工序间周转时间，提高了生产效率。

（5）改善劳动条件 数控机床加工前应调整好，输入程序并启动，机床就能自动连续地进行加工，直至加工结束。极大降低了劳动强度，机床操作者的劳动趋于智力型工作。另外，机床一般是封闭式加工，既清洁，又安全。

（6）利于生产管理现代化 数控机床的加工，可预先精确估计加工时间，所使用的刀具、夹具可进行规范化、现代化管理。目前已与计算机辅助设计与制造（CAD/CAM）有机地结合起来，是现代集成制造技术的基础。

8.3 数控加工设备

数控系统是数字控制系统简称，计算机数控（Computerized Numerical Control，简称 CNC）系统是用计算机控制加工功能，实现数值控制的系统。CNC 系统根据计算机存储器中存储的控制程序，执行部分或全部数值控制功能，并配有接口电路和伺服驱动装置，用于控制自动化加工设备的专用计算机系统。

数控机床一般由机床本体、控制部分（CNC 装置）、伺服系统、辅助装置四部分组成。

1. 机床主体

机床主体是指数控机床的机械结构实体，包括床身、导轨、主轴箱、工作台、进给机构等。

数控机床主体结构有以下特点：

1）由于采用高性能的主轴及伺服传动系统，数控机床的机械传动结构大为简化，传动链较短。如主轴变速箱是采用无级变速、分段无级变速、内置主轴变速。

2）为适应连续自动化加工，数控机床具有较高的动态刚度和阻尼精度，较高的耐磨性而且热变形小。

3）为减少摩擦，提高精度，更多地采用高效传动部件，如滚珠丝杠副和贴塑导轨、滚动导轨、静压导轨等。

2. 控制部分（CNC 装置）

CNC 装置是数控机床的控制核心，一般是一台机床专用计算机，包括输入装置、CPU（包括运算器、控制器、存储器及寄存器等）、屏幕显示器（监视器）和输出装置。他的功能是将出入的各种信息，经 CPU 计算处理后再经输出装置向伺服系统发出相应的控制信号，由伺服装置带动机床按预定轨迹、速度及方向运动。

CNC 装置基本工作内容如下：

1）输入。内容有零件程序、控制参数、补偿数据。输入形式由键盘输入、磁盘输入、光盘输入、计算机传送等。

2）译码。目前是将程序段中的各种信息，按一定语法规则解释成数控装置能识别的语言，并以一定的格式存放在指定的内存专用区间。

3）刀具补偿。包括刀具位置补偿、刀具长度补偿、刀具半径补偿。

4）进给速度处理。编程所给定的刀具移动速度是加工轨迹切线方向的速度。进给速度处理就是将其分解成各运动坐标方向的分速度。

5）插补。当进给轨迹为直线或圆弧时，数控装置则在线段的起点、终点坐标之间进行"数据点的密化"，即插补，向坐标轴输出脉冲数，保证各个坐标轴同时运动到线段的终点坐标，这样数控机床能够加工需要的直线或圆弧轮廓。一般 CNC 装置能对直线、圆弧进行插补运算及一些专用曲线插补运算。常用的插补方法有逐点比较插补法、数字积分插补法、时间分割插补法等。

6）位置控制。在 CNC 装置中通过检测反馈系统，在每个采样周期内，把插补运算得到的理论位置与实际反馈位置相比，用其差值去控制进给电动机。检测反馈系统可分为半闭环和闭环两种。如图 8-2 所示，常用检测反馈装置有光栅、绝对编码尺和直线感应同步器；旋转型检测反馈装置有圆光栅、光电编码器及选装变压器。

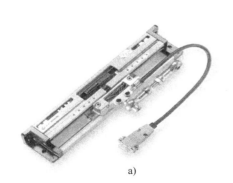
a)

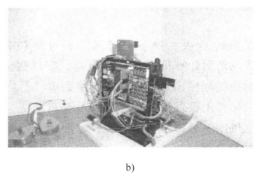
b)

图 8-2　常用位置控制装置

a）光栅　b）基于 51 单片机的小型数控装置

3. 伺服系统

伺服系统是数控系统和机床本体之间的电传动联系环节。主要由伺服电动机、驱动控制系统、位置检测与反馈装置等组成。伺服电动机是系统的执行元件，驱动控制系统则是伺服电动机的动力源。数控系统发出的指令信号经位置反馈信号确认后作为位移指令，再经过驱动系统的功率放大后，驱动电动机运转，通过机械传动装置带动工作台或刀架运动。

4. 辅助装置

辅助装置主要包括自动换刀装置 ATC（Automatic Tool Changer）、自动交换工作台机构 APC（Automatic Pallet Changer）、工件夹紧放松机构、回转工作台、液压控制系统、润滑装置、切削液装置、排屑装置、过载和保护装置等。

按照运动轨迹，可以把数控系统分为以下几类（图 8-3）。

（1）点位控制数控系统　控制工具相对工件从某一加工点移到另一个加工点的精确坐标位置，对于点与点之间移动的轨迹不进行控制，且移动过程中不作任何加工。使用这一类数控系统的设备有数控钻床、数控坐标镗床和数控压力机等。

（2）直线控制数控系统　不仅要控制点与点的精确位置，还要使两点之间的工具移动轨迹为一条直线，且在移动中工具能以给定的进给速度进行加工，其辅助功能要求也比点位控制数控系统多，如它可能被要求具有主轴转数控制、进给速度控制和刀具自动交换等功能。使用此类控制方式的设备主要有简易数控车床、数控镗铣床等。

（3）轮廓控制数控系统　这类系统能够对两个或两个以上坐标方向进行严格控制，即不仅控制每个坐标的行程位置，同时还控制每个坐标的运动速度。各坐标的运动按规定的比例关系相互配合，精确地协调起来连续进行加工，以形成所需要的直线、斜线、曲线或曲面（图8-3）。采用此类控制方式的设备有数控车床、铣床、加工中心、电加工机床和特种加工机床等。

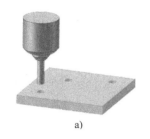  

a)　　　　　　　　　　　　　　　　b)　　　　　　　　　　　　　　c)

图 8-3　不同运动轨迹的操作系统

a）点位控制数控系统　b）直线控制数控系统　c）轮廓控制数控系统

1）数控编程。数控编程是数控加工准备阶段的主要内容之一，通常包括分析零件图样，确定加工工艺过程；计算进给轨迹，得出刀位数据；编写数控加工程序；制作控制介质；校对程序及首件试切。有手工编程和自动编程两种方法。总之，它是从零件图样到获得数控加工程序的全过程。

①手工编程。手工编程是指编程的各个阶段均由人工完成。利用一般的计算工具，通过各种数学方法，人工进行刀具轨迹的运算，并进行指令编制。

这种方式比较简单，很容易掌握，适应性较大。适用于中等复杂程度程序、计算量不大的零件编程，对机床操作人员来讲必须掌握。

优点：主要用于点位加工（如钻、铰孔）或几何形状简单（如平面、方形槽）零件的加工，计算量小，程序段数有限，编程直观易于实现的情况。

缺点：对于具有空间自由曲面、复杂型腔的零件，刀具轨迹数据计算相当繁琐，工作量大，极易出错，且很难校对，有些其至根本无法完成。

② 自动编程。对于几何形状复杂的零件需借助计算机使用规定的数控语言编写零件源程序，经过处理后生成加工程序，称为自动编程。

随着数控技术的发展，先进的数控系统不仅向用户编程提供了一般的准备功能和辅助功能，而且为编程提供了扩展数控功能的手段。FANUC6M 数控系统的参数编程，应用灵活，形式自由，具备计算机高级语言的表达式、逻辑运算及类似的程序流程，使加工程序简练易懂，可实现普通编程难以实现的功能。

数控编程同计算机编程一样也有自己的"语言"，但有一点不同的是，现在电脑以微软的 Windows 为绝对优势占领全球市场。数控机床就不同了，它还没发展到那种相互通用的程度，也就是说，它们在硬件上的差距造就了数控系统一时还不能达到相互兼容。所以，当我们要对一个毛坯进行加工时，首先要以我们已经拥有的数控机床采用的系统为准。

2）编写程序基本步骤

① 分析零件图确定工艺过程。对零件图样要求的形状、尺寸、精度、材料及毛坯进行分析，明确加工内容与要求；确定加工方案、进给路线、切削参数以及选择刀具及夹具等。

② 数值计算。根据零件的几何尺寸、加工路线、计算出零件轮廓上的几何要素的起点、终点及圆弧的圆心坐标等。

③ 编写加工程序。在完成上述两个步骤后，按照数控系统规定使用的功能指令代码和程序段格式，编写加工程序单。

④ 数控代码。在数控加工程序中，字是指一系列按规定排列的字符，作为一个信息单元存储、传递和操作。字是由一个英文字母与随后的若干位十进制数字组成，这个英文字母称为地址符。

⑤ 字的功能。组成程序段的每一个字都有其特定的功能含义，以下是以 FANUC OM 数控系统的规范为主来介绍的。

a. 顺序号字 N。顺序号又称程序段号或程序段序号。顺序号位于程序段之首，由顺序号字 N 和后续数字组成。其作用为校对、条件跳转、固定循环等。使用时应间隔使用，如 N10 N20 N30……（程序段号只是起标记作用，没有实际的意义）。

b. 准备功能字 G。准备功能字的地址符是 G，又称为 G 功能或 G 指令，是用于建立机床或控制系统工作方式的一种指令。

G 代码：分为模态和非模态，非模态代码在本程序段内有效；模态代码赋值后在被同组代码取代前一直有效，数控车床常用 G 代码见表 8-1。

c. 尺寸字。尺寸字用于确定机床上刀具运动终点的坐标位置。

其中，第一组 X、Y、Z、U、V、W、P、Q、R 用于确定终点的直线坐标尺寸；第二组 A、B、C、D、E 用于确定终点的角度坐标尺寸；第三组 I，J，K 用于确定圆弧轮廓的圆心坐标尺寸。在一些数控系统中，还可以用 P 指定暂停时间、用 R 指定圆弧的半径等。

d. 进给功能字 F。进给功能字的地址符是 F，又称为 F 功能或 F 指令，用于指定切削的进给速度。对于车床，F 可分为每分钟进给和主轴每转进给两种，对于其他数控机床，一般只用每分钟进给。F 指令在螺纹切削程序段中常用来指定螺纹的导程。

表 8-1　数控车床常用 G 代码

序号	代码	组别	功能	序号	代码	组别	功能
1	G00		快速点定位	14	G50		坐标系设定
2	G01	01	直线插补	15	G70		精车循环
3	G02		顺时针圆弧插补	16	G71		粗车外圆复合循环
4	G03		逆时针圆弧插补	17	G72	00	粗车端面复合循环
5	G27		返回参考点确认	18	G73		定形粗车复合循环
6	G28	00	返回参考原点	19	G75		X 向切槽
7	G29		从参考点返回切削点	20	G76		螺纹切削复合循环
8	G32		螺纹切削	21	G90	01	单一形状固定循环
9	G36	01	自动刀具补偿 X	22	G92		螺纹切削循环
10	G37		自动刀具补偿 Y	23	G96	02	恒速切削控制有效
11	G40		刀具半径补偿取消	24	G97		恒速切削控制取消
12	G41	07	刀尖圆弧半径左补偿	25	G98	05	进给速度按每分钟设定
13	G42		刀尖圆弧半径右补偿	26	G99		进给速度按每转设定

注：00 组为非模态代码，其他均为模态代码。

e. 主轴转速功能字 S。主轴转速功能字的地址符是 S，又称为 S 功能或 S 指令，用于指定主轴转速。单位为 r/min。

f. 刀具功能字 T。刀具功能字的地址符是 T，又称为 T 功能或 T 指令，用于指定加工时所用刀具的编号，如 T01。对于数控车床，其后的数字还兼作指定刀具长度补偿和刀尖半径补偿用，如 T0101。

g. 辅助功能字 M。辅助功能字的地址符是 M，后续数字一般为 1~3 位正整数，又称为 M 功能或 M 指令，用于指定数控机床辅助装置的开关动作，如 M00~M99，常用辅助代码见表 8-2。

表 8-2　常用辅助功能代码

序号	代码	功能	序号	代码	功能
1	M00	程序停止	7	M08	冷却液开
2	M01	选择停止	8	M09	冷却液关
3	M02	程序结束	9	M19	主轴准停
4	M03	主轴正转	10	M30	程序结束返回
5	M04	主轴反转	11	M98	调用子程序
6	M05	主轴停止	12	M99	返回主程序

8.4　数控加工实习

8.4.1　设备简介

如图 8-4 所示，数控机床结构与普通机床类似，但是也有独特的组件：

操作面板是数控系统的一部分，可以通过操作面板完成程序输入或导入。也可以通过控制面板直接控制机床。

刀库用于储存刀具。同时方便机床自动更换刀具。

立柱导轨使主轴完成 Z 轴方向的移动。

工作台使工件完成 X、Y 轴方向的移动。

机用平口虎钳用于装夹和定位工件。

机床防护门用于保护操作者安全。

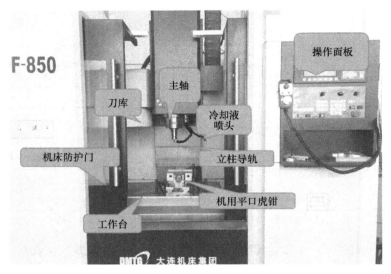

图 8-4　加工中心的结构

8.4.2　实习操作步骤

以数控车床车削子弹为例（图 8-5）。

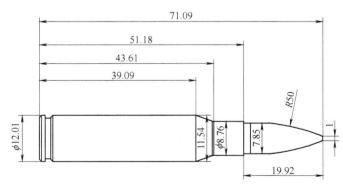

图 8-5　数控实习图样

毛坯工件：$\phi 20 \times 150$mm

1. 根据图样编制程序。

2. 将检查无误的程序输入数控系统，图 8-6a。

3. 利用图形模拟检验程序是否正确，图 8-6b。

4. 装夹工件并正确对刀，图 8-6c。

5. 关闭机床保护门并开始加工，图 8-6d。
6. 加工完成后打扫机床。

a)   b)

c)   d)

图 8-6　数控车床实习操作

注意：

1. 输入完成程序后必须利用图形模拟检验程序是否正确。
2. 图形模拟时必须开启机床锁住功能。
3. 工件、刀具必须装夹牢固。
4. 加工时不要开启机床保护门。
5. 出现问题（包括撞刀等）马上按下急停按钮（控制面板上红色大圆按钮）。

8.5 实习报告

1. 数控机床在工作中，发生任何异常现象需要紧急处理时应启动_____。

2. 在零件加工过程中，车床主轴的转速应根据_____进行调整。

3. 用于指令动作方式的准备功能的指令代码是_____代码，用于机床开关指令的辅助功能的指令代码是_____代码，用于设定主轴转速的主轴功能的指令代码是_____代码，用于指定进给速度的指令代码是_____代码。

4. 数控机床中的标准坐标系采用_____，并规定_____刀具与工件之间距离的方向为坐标正方向。确定数控机床坐标系时首先要确定_____轴，它平行于传递主切削力的主轴轴线方向。

5. 刀具补偿功能包括刀补的建立、_____和_____三个阶段。

6. 在数控车床上输入、修改、删除程序应在编辑方式下进行，执行程序应在_____方式下进行。

7. _____是备有刀库，具有自动换刀功能，对工件一次装夹后进行多工序加工的数控机床。

8. 加工中，中小型立式加工中心常采用_____立柱。

9. 加工中心按照功能特征分类，可分为_____、_____和_____、

10. 机床坐标系的原点称为_____，工作坐标系的原点称_____。

11. 程序中的每一行称为一个程序段，程序段序号通常用_____位数字表示。

12. 加工中心的刀具由_____管理，加工中心的自动换刀装置由_____、_____和_____组成。

13. 简答：数控加工工序的安排原则是什么？

14. 简答：加工中心的编程过程。

第9章 计算机辅助设计

9.1 实习目的与要求

1. 实习目的

1）熟悉 AutoCAD 和 SolidWorks 软件的工作界面及主要功能。

2）熟练运用 AutoCAD 软件绘制基本图形以及对图形进行编辑。

3）熟练运用 SolidWorks 软件绘制草图，并对草图添加特征。

4）了解并掌握 SolidWorks 软件生成装配体的方法。

2. 实习要求

1）机房纪律

① 上课不能做与实习无关的事（比如看视频、聊 QQ、玩游戏等）。

② 课间不能在楼道里奔跑打闹、大声喧哗。

③ 下课时间听从任课老师安排，不得早退。

④ 下课后，将自己的电脑关机，将椅子放回原处，摆好。

2）机房安全

① 不能随意触碰电源，防止触电。

② 由于电脑设为自动还原模式，所以不能随意重启电脑，否则电脑里的作业会消失。

③ 机房内电线较多，走动时，一定注意脚下，防止绊倒，摔伤。

④ 电脑出现故障，找任课老师解决，不得擅自修理。

9.2 计算机辅助设计概述

计算机辅助设计（CAD，Computer Aided Design）是指利用计算机及其图形设备帮助设计人员进行设计工作。CAD 技术包括辅助绘图、概念设计、详细设计、优化设计、有限元分析、工程仿真、设计过程管理、数据管理、虚拟加工等方面。随着计算机辅助设计技术的飞速发展和普及，越来越多的工程设计人员开始利用计算机进行产品设计与开发。设计人员通常用草图开始设计，将草图变为工作图的繁重工作可以交给计算机来完成；由计算机自动产生的设计结果，可以快速作出图形，使设计人员及时对设计作出判断和修改。目前 CAD软件包括：二维绘图软件（AutoCAD、中望 CAD、浩辰 CAD 等）和三维绘图软件（CATIA、UG 、Pro/E、SolidWorks、SolidEdge、Inventor、CAXA）。由于 AutoCAD2004 具有强大的绘图功能，而 SolidWorks2012 软件具有简单易用的优势，因此本次实习，我们选取 Auto-CAD2004 及 SolidWorks2012 软件来绘制二维图形及三维图形。

AutoCAD 是美国 Autodesk 企业 1982 年开发的一款二维、三维绘图软件，并在随后的几十年中不断地更新。目前此软件应用最广且市场占有率位居第一。AutoCAD 的主要功能包括图形的绘制、精确的定位定性、图形编辑功能与图形输出功能。本次实习中，我们主要应用 AutoCAD2004 软件绘制二维图形。

SolidWorks 软件是由美国 SolidWorks 公司 1995 年推出的一款功能强大的三维机械设计软件。目前市场上所见到的三维 CAD 设计软件中，设计过程最简便的莫过于 SolidWorks 了。它可以十分方便地实现复杂的三维零件实体造型、复杂装配和生成工程图，具有功能强大、易学易用和技术创新三大特点，同时，它还具有操作简单方便、图形界面友好，用户上手快的优势，使得 SolidWorks 成为先进的主流三维 CAD 设计软件，非常适合初学者使用。在本次实习中，我们应用 SolidWorks2012 绘制零件图，并在装配体中进行简单的装配。

9.3 AutoCAD 软件基础

本课程中 AutoCAD 软件的激光加工与电加工两个模块需要应用到，而对这两个模块的要求不同。

1. 要求

（1）电加工　尺寸为 80mm × 80mm；格式保存为 AutoCAD R12/LT2 DXF（*.dxf）格式；图形必须是一笔画的，且样条曲线、椭圆和椭圆弧禁用，否则机床不能加工。

（2）激光雕刻　尺寸为 100mm × 100mm；格式保存为 AutoCAD 2004 DXF 格式；对图形没有一笔画的要求。

2. 熟悉 AutoCAD

（1）工作界面（图 9-1）

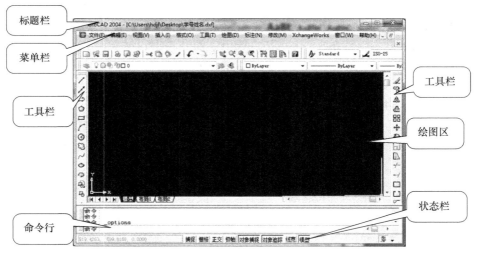

图 9-1　CAD 界面

1）标题栏显示软件的版本，方括号内显示当前图形的存储位置、文件名和格式。

2）菜单栏包括文件、编辑、视图、插入、格式、工具、绘图、标注、修改、窗口和帮助，点开每个菜单都会有下拉菜单。

3）绘图区：黑色区域，绘制图形的区域。

4）工具栏

① 绘图工具条：位于黑色区域左边，用于绘制图形。

② 编辑工具条：位于黑色区域右边，用于对所绘制的图形进行修改等编辑。

5）状态栏。当按钮凹进去时，命令打开；当按钮凸出来时，命令关闭。

① 正交：控制绘制直线的种类，打开正交模式，只能绘制垂直线和水平线。

② 对象捕捉：绘图时，光标能迅速、准确地捕捉到某些特殊点，从而能够精确地绘制图形。

6）命令行。用于输入命令并向用户提示下一步的操作。

（2）输入命令的方法有三种：

1）用鼠标左键直接单击左侧绘图工具栏中相应的绘图工具。

2）鼠标左键单击菜单栏中的绘图，再单击下拉菜单中对应的绘图命令。

3）在命令行输入绘图命令，然后单击回车或空格进行确认。

可以从左到右依次练习绘图工具栏（如图 9-2）中的绘图命令。

图 9-2　绘图工具栏

（3）对所绘制的图形进行编辑　图形编辑可分为四步：

1）输入命令。

2）选择对象并确认。

3）选择基点。

4）按照命令行中的提示进行操作。

可以从左到右练习图形编辑工具栏（图 9-3）中常用的图形编辑命令。

图 9-3　图形编辑工具栏

3. 绘图举例

（1）画花朵　鼠标左键单击椭圆命令，在空白工作区域处，打开正交功能，指定椭圆的长半轴和短半轴，绘制出椭圆，如图 9-4a 所示。鼠标左键单击样条曲线命令，关闭正交功能，在椭圆的周围画出花瓣的形状，绘制完成后，按三下回车或空格。鼠标左键单击花瓣的线条，线条上出现蓝色的小正方形，鼠标左键单击蓝色的小正方形，蓝色变为红色，移动鼠标，即可调整花瓣的形状。单击直线命令，在花瓣内部绘制花瓣的线条，即可完成一个花瓣的绘制，如图 9-4b 所示。单击阵列，选择环形阵列，单击选择对象前面的红叉，按住 < shift > 键，鼠标左键可连续选择线条，选择的线条变为虚线，选择完成后，单击鼠标右键，弹出阵列对话框，单击中心点后面的红叉，在椭圆圆心单击一下，作为环形阵列的中心点，在项目总数后面输入阵列的总数，填充角度默认为 360°，单击确定，即可形成图 9-4c 所示的花朵。框选住整个花朵，当花朵线条上都出现蓝色小正方形时，键盘敲击快捷键 Ctrl + C（复制），

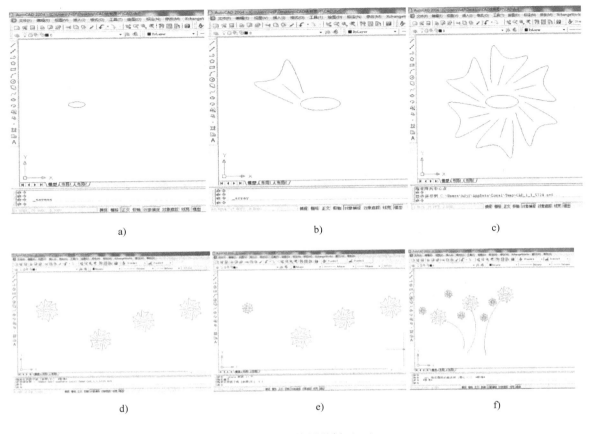

图 9-4　CAD 绘图举例（一）

再 Ctrl + V（粘贴），即可复制出一个花朵，重复上述操作，即可复制出多个花朵，如图 9-4d 所示。单击缩放功能，提示栏提示选择对象，鼠标左键框选花朵，花瓣的线条变为虚线，单击鼠标右键，提示栏提示指定基点，鼠标左键在椭圆圆心的中点单击一下作为基点，提示栏提示指定比例因子，输入 0.5，单击回车，原来的花朵将缩小 0.5 倍，如图 9-4e 所示。复制多个缩小后的花朵，放到合适的位置。单击圆弧命令，在合适的区域单击圆弧的第一点、第二点、端点，即可完成花柄的绘制，如图 9-4f 所示。

（2）绘制蝴蝶　单击椭圆命令，指定椭圆的一个轴端点、另一个端点和另一条半轴长度，如图 9-5a 所示。单击绘圆命令，指定圆心和半径，绘出蝴蝶的眼睛。单击圆弧和绘圆命令画出蝴蝶的触角。单击圆弧命令，绘制出腹部的花纹，如图 9-5b 所示。

单击样条曲线，绘出蝴蝶的左边翅膀的轮廓，如图 9-5c 所示。使用圆和椭圆工具绘制翅膀上的花纹，如图 9-5d 所示。单击镜像命令，鼠标左键选择左边翅膀，单击鼠标右键，分别选择椭圆长轴的两个端点作为镜像线，回车，不删除源对象，一只蝴蝶就绘制好了，如图 9-5e 所示。复制出多个蝴蝶，放在合适的位置。利用缩放命令，将蝴蝶变小，并使用旋转命令，将蝴蝶旋转至合适的方向，即完成图形的绘制，如图 9-5f 所示。

【作品展示】

1. 激光加工作品（图 9-6）

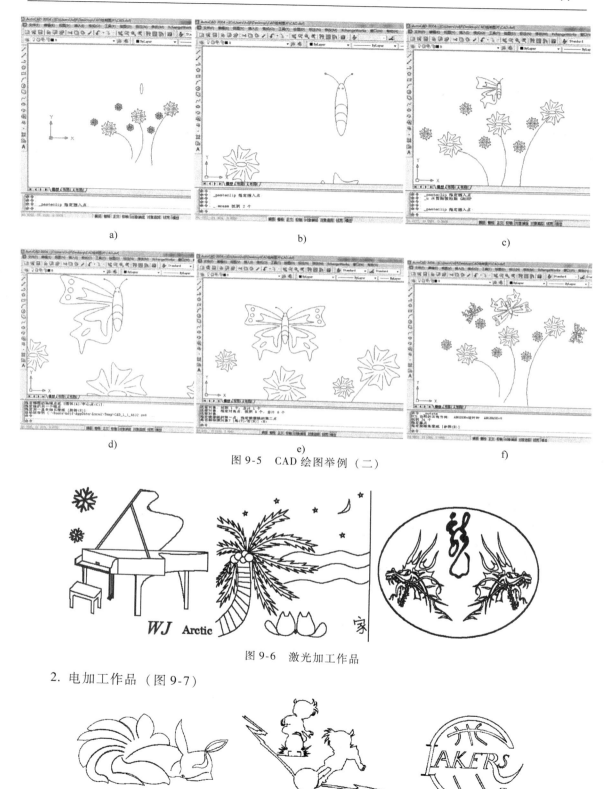

a)　　　　　　　　　b)　　　　　　　　　c)

d)　　　　　　　　　e)　　　　　　　　　f)

图 9-5　CAD 绘图举例（二）

图 9-6　激光加工作品

2. 电加工作品（图 9-7）

图 9-7　电加工作品

9.4　SolidWorks 软件实习

1. SolidWorks 基本知识

（1）鼠标的使用　旋转实体为按住滚轮，移动鼠标；整屏显示为双击滚轮；缩放图形为滚动滚轮，向前滚动缩小，向后滚动图形放大

（2）设计树的作用　设计树列出了零件的所有特征、基准及坐标系等，并能方便的查看及修改模型。

1）双击特征的名称以显示特征的尺寸。

2）右击某特征，选择特征属性命令来更改特征的名称。

3）右击某特征，然后单击"编辑特征"按钮来修改特征参数。

（3）设置菜单栏　打开软件，单击 SolidWorks 后面的三角形按钮，会出现菜单栏，单击菜单栏后面的 按钮，可进行菜单设置。

（4）工具栏按钮（图 9-8）

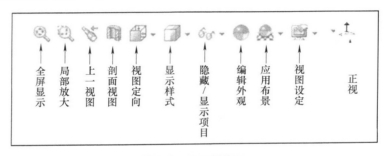

图 9-8　工具栏按钮

2. 零件及生成方法

零件是由一张或多张草图添加一个或多个特征形成的，一般一张草图对应一个特征。

作图操作流程：

新建零件文件。"文件→新建→零件→确定"，如图 9-9 所示。

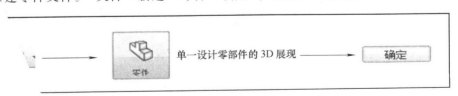

图 9-9　新建零件文件

面。有前视、上视、右视三个基本基准面，如都不符合条件，可在特征"准面"生成平面。

右键弹出 ，选 按钮为开始绘制草图。

绘图工具作图，点 确认。

何关系。用"智能尺寸"标注尺寸（双击已标注的尺寸数值可对 几何关系"约束几何关系。

6）结束草图绘制。完成草图后单击绘图区左上角退出草图。

7）选择特征，添加零件属性。指定特征草图，在左边对话框输入相应参数，单击 ✅确认。

8）需修改时，先明确修改哪个参数，在左边设计树中左键单击相应草图或特征，右键弹出菜单中单击 📝编辑或特征 🗂按钮进入修改左边参数。

9）文件保存。保存为默认文件格式，建议按照图样内容命名，方便识别。

3. 装配体及生成方法

装配体是由多个零件经过配合而形成的整体。装配体的配合一般包括三种情况，即：两个平面的配合、轴与孔的配合、槽与滑块的配合。

装配图操作流程：

1）新建装配体文件："文件→新建→装配体→确认"，进入装配界面。

2）插入零件。在"要插入的零件/装配体"框中选图，或单击"浏览"找图，左键单击作图区空白处即可调用零件（同一零件可重复调用，调用后不可再给零件图重命名）。

3）零件的配合。在命令栏选"配合"按钮，进入后先选中两个零件需配合的点/线/面；再点选相应配合方式（图 9-10），单击 ✅确认；如还需调用零件选"插入零部件"即可。

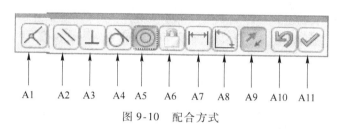

图 9-10　配合方式

（A1：重合；A2：平行；A3：垂直；A4：相切；A5：同心轴；A6：将两个零部件锁定在一起；A7：距离；A8：角度；A9：反转配合对齐；A10：撤销；A11：完成配合）

4）配合的修改。先在设计树的配合列表删除错误配合再进行新的配合尝试。

5）文件的保存。保存为默认文件格式即可，如需打印，请整体保存为 .stl 格式。

4. 以脚踏车为例说明零件和装配体的生成步骤。

（1）车轮　鼠标左键单击前视基准面，上方出现四个小图标，选择正视图，前视基准面放平。单击草图中的草图绘制，选用直线和圆弧绘制图形，智能尺寸约束尺寸。单击镜像命令，左边弹出对话框，选择要镜像的图形，选择中心线为镜像轴，单击 ✅确定。选择中心线，绘制中心轴，如图 9-11a 所示。单击左上角的退出草图，特征里面选择旋转凸台/基体，左边弹出对话框，旋转轴选择中心轴，旋转角度默认360°，如图 9-11b 所示，单击对号确定。选取车轮的侧面作为绘图基准面，单击鼠标右键，出现下拉菜单，单击向上的箭头（正视于），这时车轮的侧面就会与屏幕平行，便于画图。单击草图左上角的草图绘制，进入绘图状态，选择绘圆命令，单击圆类型里面第一个，中心半径画圆，在车轮的中心点由内向外拉圆，因为是辅助圆，所以在作为构造线前面的方形内打上对勾，单击确定。再绘制如图 9-11c 所示的小圆，并用智能尺寸标注。单击左上角的退出草图，完成草图的绘制。选择特征里的拉伸切除命令，弹出左边的对话框，给定拉伸深度10mm，或选中箭头直接拖拽到

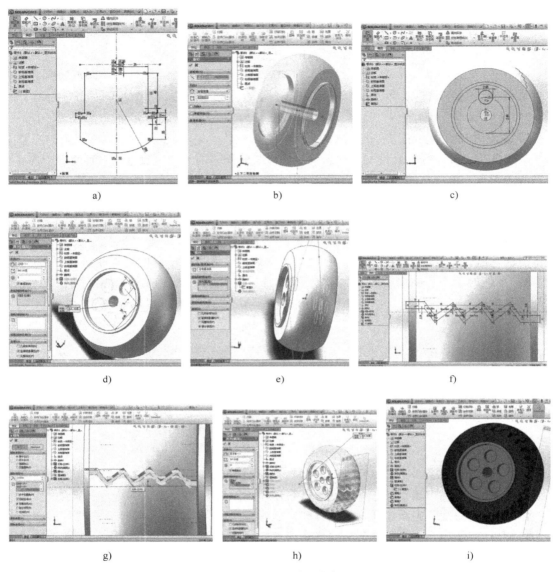

图 9-11　SolidWorks 绘图举例（一）

合适位置，单击 ✔，形成一个孔。单击圆周阵列，阵列轴选择孔的表面，阵列数目为 5，选择等间距，阵列的特征选择切除，车轮上显示黄色的预览，如图 9-11d 所示。单击 ✔ 确定。单击镜像，选择车轴的中心面作为镜像面，要镜像的特征选择圆周阵列和切除，如图 9-11e 所示为镜像的预览，单击确定。单击"特征→参考几何体→基准面"，选择前视基准面作为第一参考，在距离里面输入 100mm，表示新生成的基准面与前视基准面之间的距离，单击确定按钮。在该基准面上绘制轮胎的花纹图，尺寸如图 9-11f 所示，绘制完成后，退出草图，添加拉伸切除特征，拉伸深度设为 40mm，单击确定。单击圆角命令，在圆角对话框中选择等半径，圆角半径为 5mm，选择要添加圆角的边线，如图 9-11g 所示，单击确定。圆周阵列生成一圈花纹，如图 9-11h 所示，单击确定。单击编辑外观命令，弹出对话框，选择

灰色，单击确定。选择轮毂面，单击编辑外观，选择相应的颜色，单击确定，形成如图
9-11i 所示的轮胎。

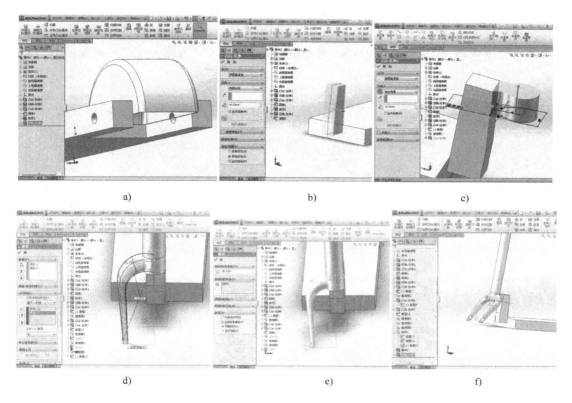

a)   b)   c)

d)   e)   f)

图 9-12 SolidWorks 绘图举例（二）

（2）车身 选择前视基准面绘制 700mm×50mm 的矩形，添加拉伸凸台/基体，拉伸方
式选择两侧拉伸，拉伸距离为 200mm，拉伸出一个平板。选取平板的大面作为绘图基准面，
绘制 220mm×120mm 的矩形，添加拉伸切除特征。选前视基准面为绘图基准面，绘制半径
为 110mm 的半圆，添加两侧拉伸特征，拉伸距离为 120mm，对半圆添加半径为 10mm 的圆
角特征。点击抽壳特征，输入抽壳的厚度 2.5mm 和抽壳的面（半圆的底平面）。选择木板
的侧面作为绘图基准面，绘制直径为 20mm 的圆，添加拉伸切除特征，完全贯穿后，得到如
图 9-12a 所示的部分。选取前视基准面为绘图基准面绘制 （50mm＋150mm）×50mm 的梯形
图，两侧拉伸 40mm 距离，如图 9-12b 所示。选择斜面为基准面，新建垂直于斜面的另外一
个基准面，在新建基准面上画直径为 50mm 的圆，两边添加圆角，拉伸 40mm 的距离，如图
9-12c 所示。在前视基准面上绘制直径为 40mm 的圆，新建距离 130mm 的基准面，并在该面
上绘制长 20mm、直径 5mm 的直槽口，建立与两面相交并垂直的基准面，在该基准面上绘制
两条引导线，端点与圆和直槽口添加穿透约束，如图 9-12d 所示，添加放样特征，在弹出的
对话框中，填入圆和直槽口作为放样截面，填入中间的曲线作为引导线，如图 9-12d 所示。
添加镜像特征，镜像面选择前视基准面，要镜向的特征选择放样，如图 9-12e 所示。在前视
基准面上绘制直径为 20mm 的圆，添加拉伸切除特征，完全贯穿，即得到图 9-12f 所示的
部分。

　　选取前视基准面绘制圆环，内圆直径 46mm，外圆直径 50mm，拉伸 150mm，如图 9-13a 所示。选取外侧面为基准面绘制直径为 55mm 的圆，拉伸 80mm，在拉伸凸台的内侧绘制直径为 40mm 的圆，拉伸切除 65mm，形成图 9-13b 所示的部件。在形成体的外表面，绘制小梯形，添加拉伸切除特征，如图 9-13c 所示，单击圆周阵列，设置参数，如图 9-13d 所示，单击确定。以前视基准面作为镜像面，镜像另一半的车把如图 9-13e 所示，单击确定，形成另一半车把，如图 9-13f 所示。

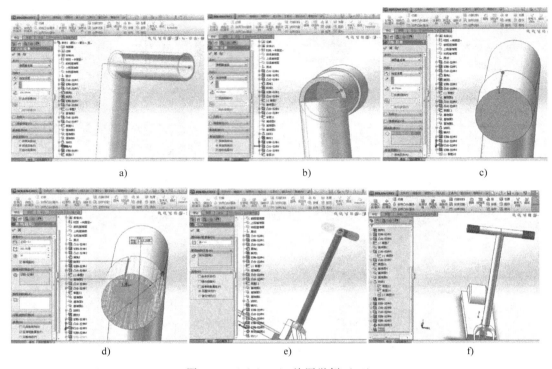

| a) | b) | c) |
| d) | e) | f) |

图 9-13　SolidWorks 绘图举例（三）

　　（3）垫片、螺栓和螺母　选前视基准面绘制圆环，内圆直径 18mm，外圆 25mm。添加拉伸特征，拉伸 22mm 形成后垫片，如图 9-14a 所示。前垫片生成过程类似，只是拉伸距离为 21mm。绘制图形，内圆直径 18mm，六边形的内切圆直径 25mm，拉伸 10mm 形成螺母，如图 9-14b 所示。选取前视基准面绘制直径为 18mm 的圆，拉伸 220mm，在圆柱的端面，绘制内接于半径 25mm 的正六边形，拉伸 10mm，确定，形成后螺栓，如图 9-14c 所示。前螺栓的生成过程与后螺栓的形成过程类似，只是圆拉伸的长度是 140mm。

　　（4）脚踏车的装配过程　单击新建命令，选择装配体，建立装配体文件，单击浏览，查找零件图，将车身、车轮、螺栓、前垫片和螺母拖到装配体中，如图 9-10d 所示，选择车轮的内轴面，单击配合，再单击车前叉的内孔，添加同轴心配合。给螺栓和车轮轴添加同轴心配合。把一个垫片通过同轴心配合添加到车轮右边，如图 9-10e 所示。通过添加重合，将轮毂的右表面与垫片相邻的表面配合在一起。左边垫片与轮毂和螺栓的配合，与右垫片相同。对螺母和螺栓添加同轴心配合，使螺母的内表面与垫片的外表面的距离保持 8mm。前车轮安装完成，后车轮与车轴的配合与前轮相同。装配完成后，生成的脚踏车如图 9-14f 所示。

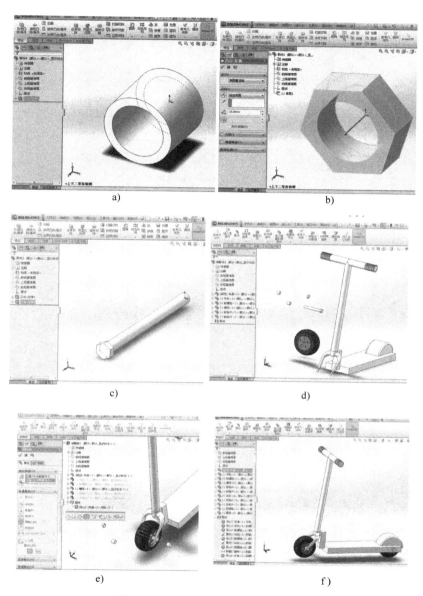

a)

b)

c)

d)

e)

f)

图 9-14 SolidWorks 绘图举例（四）

9.5　实习报告

1. AutoCAD 习题

（1）请根据电加工和激光加工作业的要求填空。

①电加工中，CAD 图形要求设置的尺寸为_____，保存的文件格式为_____。

②激光加工中，CAD 图形要求设置的尺寸为_____，保存的文件格式为_____。

（2）根据图形辅助编辑功能填空。

① 正交命令的作用是_____，打开此命令时，正交按钮处于_____（凸起来/凹下去）的状态。

② 对象捕捉的作用_____，对其进行更改设置的方法为_____。

（3）几个常用的快捷键。

① 直线命令的快捷键是_____，圆命令的快捷键是_____。

② 全选的快捷键是_____，删除命令的快捷键是_____。

（4）根据绘图时的操作填空。

① 输入命令的三种方法为_____、_____和_____。

② 当图形太大，不能全部显示在窗口中的时候，双击鼠标_____（左键/中键/右键三选一）可_____。

③ 向前、向后滚动滑轮键可使图形_____。

④ 在命令行输入命令时，需单击_____或进行确认。

（5）简述缩放命令的操作步骤。

2. SolidWorks 习题

（1）请根据 SolidWorks 作业的要求填空。

用于 3D 打印机的文件格式是_____，交作业时的格式为_____。

（2）根据鼠标的功能填空。

① 滚动鼠标中键滚轮，向前滚动鼠标可看到图形在_____，向后滚动鼠标可看到图形在_____。

② 按住鼠标中键，移动鼠标可看到图形在_____。

③ 当图形太大，不能全部显示在窗口中时，双击鼠标可_____。

（3）简述绘制草图的步骤。

（4）SolidWorks 中包括的特征有_____等；与拉伸凸台/基体、旋转凸台/基体、扫描和放样凸台/基体相反的特征分别是_____。

（5）① 添加特征之前，必须_____草图。若临时轴消失不见了，_____操作可使其可见。

（6）如图 9-15 所示，简述下列图形是通过添加哪些特征生成的。

（7）简述下列功能的作用

① 　　（草图绘制）与　　（编辑草图）功能的作用和区别。

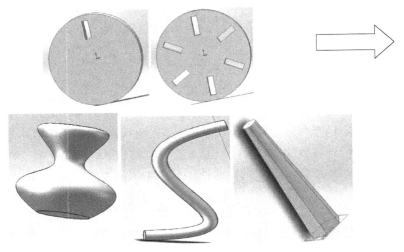

图 9-15　实习报告图

② ⬆ （正视于）的作用。

③ 🗔 （编辑特征）的作用。

（8）装配体中零件的配合一般包括三种情况，请分别列出。

（9）用 SolidWorks 设计一个创意水杯。

第 10 章　电火花加工

10.1　实习目的与要求

1. 实习要求

1）了解电火花加工与线切割加工在机械加工中的应用、发展现状与趋势。

2）了解电火花加工与线切割机床的组成部分及作用。

3）掌握线切割设备工作原理。

4）熟悉电火花加工与线切割的安全操作规则。

5）学会使用 AutoCAD 软件画轮廓图。

6）掌握电火花加工与线切割机床的操作流程。

2. 实习设备

1）硬件设备：DK7732 中走丝切割机（操作）SPZ450 电火花成型机（演示）。

2）软件：AutoCAD 软件。

3. 安全操作规程：

1）参加实习的学生必须在指导教师讲解完操作要求后严格按操作指南进行。

2）装夹、测量工件以及装、调丝筒时要停机进行。使用机床前必须先检查电源连接线、控制线及电源电压，X、Y、U、V 检查各轴是否在行程范围内。

3）操作过程中必须确保安全，严禁用手触摸运行中的钼丝或一手触摸工作台、一手触摸溜板箱或设备底座。

4）使用计算机时，不得进行其他无关操作，输入或使用其他无关操作程序；不得在计算机及线切割设备上使用个人 U 盘。不允许随意改动控制、编程系统的参数。

5）操作过程中，发现计算机或线切割设备出现问题，不得私自处理，应及时报告指导教师，以便妥善处理。

6）设备加工过程中，禁止随意改变设备运行参数；改变电参数一定要在钼丝换向时进行。

7）切割完成后，要等待设备自动停机后，方可取出工件，以确保安全。

4. 课前准备

1）参看教程，了解技术原理与基本设备构成。

2）复习 AutoCAD 软件。

10.2　电火花加工概述

10.2.1　电火花加工的产生

1870 年英国科学家普利斯特利（Priestley）最早发现放电对金属的腐蚀作用。在如今的日常生活中，放电对金属的腐蚀作用已经是比较常见的现象，例如：经常插拔的插头或电器开关的触点，常常发生放电把金属表面烧蚀成凸凹不平的斑痕，甚至严重的还会烧断，再比如日常生活中照明线路发生短路，人们习惯称之为联电，其实就是一种放电现象。

10.2.2　电火花加工的工作原理

电火花加工是特种加工的一种，电火花加工本质是放电腐蚀，放电腐蚀的微观过程是电动力、热力、电磁力、流体动力等综合作用的过程，因此又被称放电加工或电蚀加工。

具体来说，它是在加工过程中，把脉冲电压加至工件和工具电极上，同时使工具电极不断接近工件电极，当两极上的最近点达到一定距离时，形成脉冲放电，在放电通道中，瞬时产生大量热能使材料熔化，甚至气化，将多余的金属蚀除，抛离工件表面，并被循环的工作液带走，工件便留下一个小坑，工具电极和工件（正负电极）不断产生脉冲性的火花放电，就能将工件切割出具有直纹的型面，以达到零件设计要求的尺寸及表面质量的加工方法。因在放电过程中可见到火花，故称电火花加工。

这一过程大体分为以下相互独立又相互联系的几个阶段：电离击穿──→脉冲放电──→金属熔化和气化──→气泡扩展──→金属抛出及消电离，具体过程如图10-1所示。

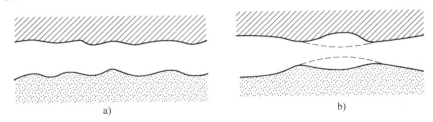

图 10-1　电火花加工过程
a）多脉冲放电痕　b）单脉冲放电痕

1）微观下两极表面是粗糙的，距离最近点处液体介质被电离、击穿，形成一个微小的放电通道。

2）因为通道半径极小，但通道内电流密度极大，因此通道内形成瞬时高温，将电极材料熔化、气化，使通道产生热膨胀；膨胀到达极限时，通道爆炸使电极材料抛出。

3）脉冲放电结束，液体介质消除电离状态，恢复绝缘，通道消失，电极表面腐蚀出一个小凹坑。

4）下一个脉冲到来，放电在另一些高点上再次进行，至加工结束，就在电极表面形成一条窄窄的切缝，在伺服系统控制下，工件与电极丝不断靠近，使放电继续进行。

电火花放电条件为：①两极间隙保证在几微米到几十微米。②火花放电必须在有一定绝缘性能的液体介质中进行。

10.2.3　电火花设备的分类及其结构特点

利用电火花放电原理进行工业加工的机械设备称为电火花机，它属于电加工类设备中的一类设备，简称EDM，目前常用的电火花设备有：电火花线切割机、电火花成形机、电火花小孔机，其中以电火花线切割机应用最为广泛。

电火花线切割加工是在电火花加工基础上发展起来的一种新的工艺形式。它是采用往复移动的细金属导线（钼丝或铜丝）作为电极对工件进行脉冲火花放电，同时，装夹工件的工作台，由数控伺服电动机驱动，按事先编好的程序运行，在 X、Y 轴方向实现切割进给，使线电极沿加工图形的轨迹运动，对工件进行放电切割加工，最后得到所需形状的工件。并且增加了 U、V 两轴以适应各类模具的加工。

　　电火花线切割设备的分类及其结构特点如图 10-2 所示

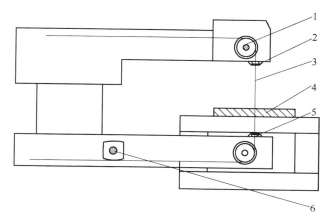

图 10-2　电火花线切割设备结构图
1—导轮　2—上喷水嘴　3—电极丝　4—工件　5—下喷水嘴　6—导电块

　　根据电极丝运行速度的不同，电火花线切割机床通常分为两类。一类是高速走丝电火花线切割机床，或称快走丝。中走丝线切割是我国特有的加工设备，属于高速往复走丝电火花切割机床范畴，是在高速往复走丝电火花切割机的基础上实现多次切割功能，由于其零件的加工精度介于快走丝和慢走丝之间，故称为"中走丝线切割"，它借鉴了传统机械加工的优点：中走丝采取多次走丝的方式，降低切割速度，减小切割电流，从而降低零件的表面粗糙度值，从而增大了设备的适用性，使设备的应用范围得到进一步拓展。

10.2.4　电火花线切割的应用范围

　　（1）用于新产品开发时生产工具、卡具、单件样品等　新产品开发过程中，可以直接利用线切割加工出零件，无需另外制造模具、专用夹具等；这样可以大大降低试制新产品成本，缩短新产品的试制周期。

　　（2）加工特殊材料　切割某些高硬度、高熔点的金属导体及淬火钢、金刚石、硬质合金，以及现在常用的各种冲压模、塑料模、粉末冶金模等各种模具和零件。还有一些价值较高的贵金属，如金、银、铂、钯、铑等，它们的切割一般用线切割来进行，比较节省材料，降低损耗。

　　（3）用于齿轮花键的加工　传统的齿轮加工工艺是先锻造出齿轮毛坯，再用车床加工出齿轮外形，用插齿机或铣齿机加工出齿形，再对齿轮进行淬火。淬火时由于零件有温度的急剧变化，造成齿轮的整体形状发生形变，从而对零件的精度产生影响，进而影响设备的精度。线切割的出现使齿轮的加工工艺发生改变，可以将材料进行淬火处理，然后再加工出齿形，从而使齿轮精度大大提高。另外，传统花键加工时，一把拉刀只能加工一种齿形的花键，而拉刀的制造成本又比较高，线切割的出现，大大降低了花键的制造成本。

10.2.5　加工局限性

在切割过程中，由于电参数设置的过大、短路等原因，电极丝会断开，需要进行重新穿丝，特别是手动穿丝的机床会非常麻烦。

线切割虽不受工件材料硬度、强度等性能方面的限制，但却只限于切割直通式的工件，如异型孔、圆孔和整体式凸模等，而无法切割出扩孔、沉孔（大孔）或有台阶，类似顶杆的凸模等工件。同时非金属类材料、非导体，也不适合加工。

10.3　中走丝线切割机床

中走丝线切割是我国自主生产的线切割机床，其型号由汉语拼音字母和阿拉伯数字组成，它表示机床的类别、特性和基本参数。以型号为 DK7732 的数控电火花切割机床（技术参数见表 10-1）为例，其型号中各字母与数字的含义解释如下：

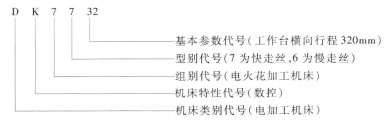

我国线切割机床的主要技术参数包括工作台行程（纵向行程×横向行程）、最大切割厚度、加工表面粗糙度、加工精度、切割速度，以及数控系统的控制功能等。

线切割机床一般由以下部分组成：

（1）床身　床身是机床其他各部分的基础，如图 10-3 所示，其上安装有溜板箱、工作台、运丝机构、立柱等。床身的体积较大，利于设备降低重心，有较好的刚性。床身是箱体结构的铸件，利于设备加工工件时产生振动的吸收。

表 10-1　DK7732 型电火花线切割的技术参数

工作台尺寸 /mm×mm	工作台行程 /mm×mm	最大切割厚度 /mm	最大切割锥度	最大生产率 /(mm²/min)	最佳表面粗糙度值 Ra
600×420	400×320	400	3	≥180	$Ra \leqslant 1.2\,\mu m$

标准供电电源	最大消耗 功率/kW	最大加工工件 重量/kg	机床外形尺寸 /mm×mm×mm	机床重量 kg	
380V/50Hz	≤2kW	320	1600×760×1400	1300	

（2）工作台　工作台主要的功能是支撑工件、传递运动，也是定位基准。不仅要求台面精度高，对导轨的精度、刚度和耐磨性都有较高的要求。工作台上有溜板箱，溜板箱分为上下两部分，下溜板通过转动手轮，可使工作台前后移动，前后行程为 320mm；上溜板通过摇动手轮，使工作台左右移动，左右行程为 400mm；手轮每转动一周，工作台移动 4mm，每转动一格，工作台移动 0.01mm。移动工作台的目的是使电极和工件的相对位置发生改变。滚动导轨、丝杠传动副将手轮的旋转运动转换为工作台的直线运动。

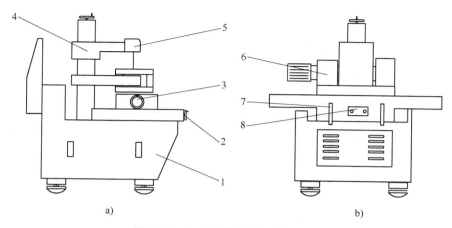

图 10-3　中走丝线切割机床构造图

a）左视图　b）右视图

1—床身　2—下溜板箱　3—上溜板箱　4—丝筒架　5—锥度装置　6—运丝机构　7—换向块　8—换向开关

（3）运丝机构　运丝机构是使电极丝以一定的速度运动并保持一定的张力。运丝机构包括：电动机、丝筒、丝筒架、丝筒架上安装的导电块等。在高速走丝的机床上，一定长度的电极丝平整地卷绕在储丝筒上，丝的张力与排绕时的拉力有关，储丝筒与驱动电动机直接连接，由于丝的长度有限，所以电动机上有专门的换向装置，当钼丝运行快到尽头时，电动机自动换向，这样保证钼丝持续运动，钼丝和工件之间的放电也连续不断，切割不断进行。运丝机构中丝筒的上线架和下线架间的距离，依据加工工件的厚度不同，可以通过在立柱上的手轮进行调整，当需要加工的材料较厚时，可以加大上下架之间的距离；反之则将上下架之间的距离减小，但上线架喷水嘴到工件之间的距离在 20～30mm 之间最适合。上线架到工件之间的距离过小，不利于清除电极和工件间被蚀除的固体颗粒。尤其是加工较薄的工件时，上下架之间的距离也不宜过小，如距离过小，当加工零件的厚度有所改变时，就需调整两架间的距离，从而会影响设备的使用效率，降低设备的利用率。一般建议加工较薄工件时，将上下架之间的距离设定为 100～120mm。

正常使用时，上下架间的距离不宜过大，间距过大使钼丝的悬垂长度过长，加工时钼丝受冷却液流冲击和金属熔化、气化、乳化液介质的汽化所产生的爆炸冲击以及加工换向的影响，使钼丝产生抖动，从而使工件的加工精度受到影响。

（4）冷却系统　冷却系统包括有电动机、液压泵、工作液过滤器、进液管、工作液箱等。其主要作用是消除放电时产生的大量热并及时排除电蚀产物，保证放电顺利进行；其次是作为放电绝缘介质。冷却系统的工作液分为两类：①水基冷却液，②油基冷却液。水基冷却液的特点是，冷却效果好，环境清洁；油基冷却液的优点是相比于水基冷却加工相同的零件，最后零件的精度要高，工厂一般多用油基冷却液。

（5）控制机构　控制机构的主体是操作面板，如图 10-4 所示，为人机交互界面，所有的设计、加工和其他操作指令都在这里输入。

操作面板的布置说明

1）电压表（V）。指示整流直流电压。

2）电流表（A）。指示整流直流电流。

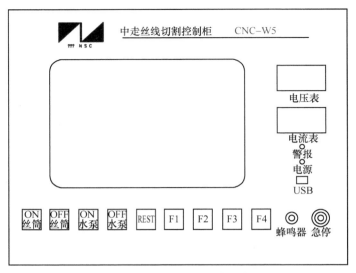

图 10-4　中走丝线切割机床操作面板

3）传输错误指示灯。加工电参数指示灯，当传输数据及传输数据出错时，指示灯亮。

4）电源指示灯。当电柜通电时，指示灯亮。

5）USB 接口。外部文件从此导入，一般简单图形直接在本级操作设计，复杂图形或多项目需要加工时利用计算机设计完毕，通过此 USB 插口导入后加工处理。

6）急停按钮。压下此按钮，电柜总电源断电。此按钮一般在遇到紧急情况时使用。例如：设备工作时，严禁用手触摸电极丝，同时设备工作时禁止一手触摸工作台，一手触摸溜板箱，遇此特殊紧急情况为预防人身伤害，需快速按下急停按钮。

7）蜂鸣器。当钼丝断丝、加工结束或加工过程中电极与工件短路时，蜂鸣器报警。

8）丝筒开/关。控制运丝机构电动机的启动与停止。

9）水泵开/关。控制水泵电动机的启动与停止。

10）复位。当按水泵开/关、丝筒开/关及手控盒上的按键没有反应，单片机可能死机，按下复位键后，单片机复位。

10.4　中走丝线切割机床实习

1. 开机进入界面（图 10-5）

其中"全绘编程"属于零件设计界面；"加工"属于零件加工界面。"异面合成"用于特殊模具的加工。"系统参数"设备出厂时已设定好。进行简单零件的设计可以直接进入全绘编程界面进行。

当需要进行设计的零件比较复杂，在系统软件上设计比较困难时，可以利用计算机进行设计，然后通过 U 盘，借助 USB 插口，将零件图导入设备。在进行零件设计时，要求图形必须是单一路径的封闭曲线，即俗称的"一笔画"，存盘的格式不是习惯使用的图样格式：Auto Cad2004（＊. dwg），而是 Auto CAD R12/LT2 DXF（＊. dxf）格式文件。文件的名称可以使用英文字母、阿拉伯数字或二者混合组成，但总数不能超过 7 位。位数过多会出现自动

图 10-5　中走丝线切割机床开机界面

省略，保留到七位。在进行图形设计时，只能绘制直线和圆弧，但可以满足工厂一般常用零件图形设计，工厂常用零件外形也多以直线和圆弧形式出现。如需要进行其他类型图样设计，则需要借助计算机进行。

HF 软件的基本规定：直线以蓝色体现，圆弧是绿色的，对于它不能识别的线条通常以红色出现。辅助线是用于求解和产生轨迹线（也称切割线）的几何元素，它包括点、线、圆，其中，点用红色表示，直线用白色表示，圆用高亮度白色表示。

引入线和引出线是一种特殊的切割线，是电极丝切入和切出工件时走过的轨迹线，两条线重合，成对出现，用黄色表示。

2. 实习操作步骤

断点用黄色的空心圆表示。

以计算机设计图形加工零件为例，了解中走丝线切割操作过程。开机后，点击进入全绘编程界面如图 10-6a 所示。

首先将 U 盘插入 USB 插口后，单击"调图"，此时图形存在 U 盘里，如图 10-6b 所示。

机器默认进入 D 盘，因为 HF 软件默认 U 盘为 E 盘，所以需单击"另选盘号"，输入"E"，界面中显示 E 盘存在的所有文件，单击所存文件名称，例如零件 0829. DXF，如图 10-6c）所示。会出现如图 10-6d）所示的界面。

此时需要选择调取的内容，因为前面设计的仅仅是零件图，没有其他内容。可以选择选项（1）调轨迹线图。输入数字 1，回车，再单击退出。回到"全绘编程"界面，此时界面上没有任何图形。

单击"满屏"后，0829. DXF 图形就会全屏显示。

由于零件的加工即电极丝的切入是按一定顺序进行的，而在计算机上设计时，对绘图顺序没有任何要求，所以进入 HF 软件系统后要对零件的线条进行排序，以利于系统自动生成数控程序。所以界面出现图形后需要单击"排序"，如图 10-7a 所示。

单击"排序"后，界面出现如图 10-7b 所示的画面。因为 HF 系统比较容易识别直线和圆，所以排序所需的时间较短。当图形中包含有系统所不能识别的轨迹线时，例如：样条曲

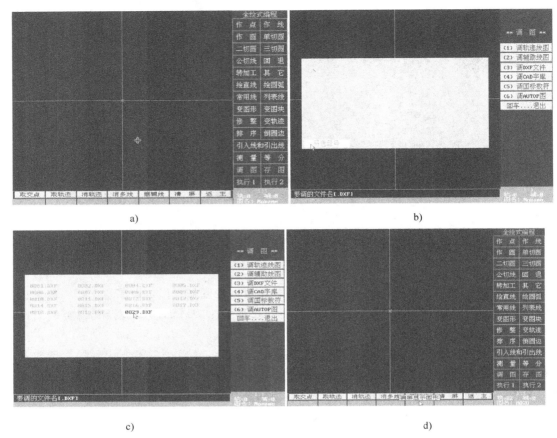

图 10-6　加工零件的基本过程

线、椭圆等。排序时需要将其转换为机器能够识别的轨迹线，所需的时间可能较长，界面对话栏里会出现"正在排序请等待……。"

结束后返回"全绘编程"界面，如图 10-7c 所示，单击"引入线和引出线"。进入做引入线和引出线的界面。做引入线和引出线的原则是结合材料形状，方便电极丝以最短距离快速切入工件，并且使图形切割完整，节省材料和切入工件的时间。

做引入线和引出线的方式有几种，对于所有的图形都可以采用端点法进行。端点法就是在界面上图形外合适的位置随意取一点作为起点，然后依界面提示在图形上取一点作为引入线的终点。当设计图形没有任何缺陷时，引入线和引出线就会黄色的实线。反之，引入线和引出线就会以虚线的形式出现。此时如果在引入线的终点位置继续用鼠标左键单击，图形中就会自动生成一条线段，这条线段的终点就被确定为图形有缺陷的位置。单击界面上的"退出"命令，就会自动回退到"全绘编程"界面。单击"缩放"命令，将有缺陷位置放大，确定图形缺陷。此时图形的缺陷将依据不同情况，既可以在 HF 软件系统上修改，也可以到计算机上进行修改。做引线的"长度法"和"夹角法"适用于有确定形状或已知坐标尺寸的图形。引入线和引出线做好后单击"回车……退出"命令。界面会出现如图 10-7d 所示的图形。尖角修圆意为锐角部分可以自动修剪成圆角，只要输入半径数值。不修圆直接回车，之后在引入线终点沿轨迹一侧出现补偿方向指示，其方向对成品的加工工艺会有影响，为了得到更好的

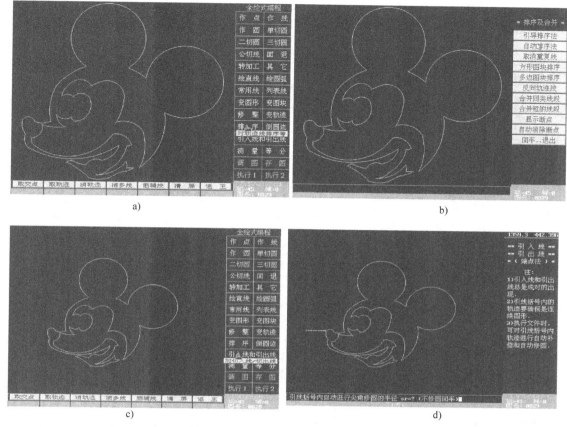

图 10-7　加工过程中，线条轨迹排序

加工精度和良好的工艺性，操作者可根据需要选择其方向。单击"后置"回到"全绘编程"界面。"执行 1"是对所有轨迹进行后置处理；"执行 2"是对只对含有引入线和引出线的轨迹进行执行和后置处理。送入补偿间隙值 = 电极丝半径 + 单边放电间隙（建议输入 0.11）。单击"后置"，生成平面 G 代码加工单，软件自动生成 G 代码加工程序。将 G 代码加工单存盘（存入设备的 D 盘中），输入文件名，然后就可以进入加工阶段。

返回 HF 主界面，单击"加工"。进入图 10-8a 所示界面：单击"读盘"。

界面上会出现保存在 D：\ HF 目录下的所有文件，选择需要的图形名称，此时界面上就会出现要加工的图形。

如单击我们所需的：0829.2NC 程序，将进入加工界面，如图 10-8b 所示。

单击"检查"，能够检查的数据类型如下：

① 可以显示加工工件的加工代码，从而对加工代码进行检查。

② 可以显示极限加工数据，检查加工时是否超程或是碰撞。

③ 可以模拟加工轨迹，检查实际加工轨迹与编程轨迹是否相同。

单击"显示加工单"→"加工数据"→"模拟轨迹"。对加工数据、图形轨迹进行检查，如图 10-8c 所示。检查过程中注意图形横纵坐标数值的变化，看是否在设定范围内，结束后单击"退出"。

系统将返回到加工界面，加工图形调用、检查结束。

对于多次切割，在切割过程中，软件会根据加工程序自动调用设定好的该工序对应的加工电参数；而一次切割，需手动将该工序所需组号的加工电参数送出，如图 10-8d 所示。

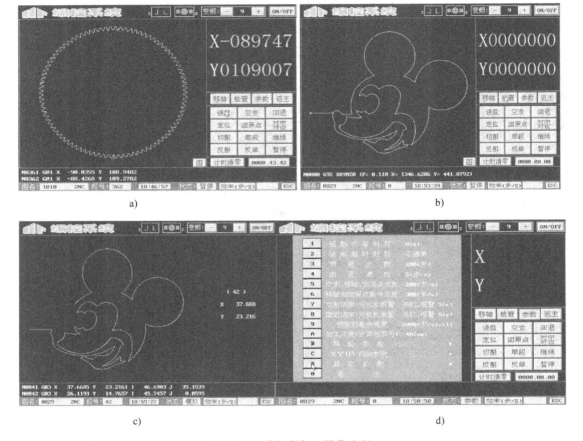

a)　　　　　　　　　　　　　　b)

c)　　　　　　　　　　　　　　d)

图 10-8　线切割加工操作流程

单击"参数"→"其他参数"→"高频组号和参数"→"送高频参数"（送参数后，电压表显示读数 75V）→"返回主菜单"。

移动拖板，电极丝调整到工件的起割点，锁紧拖板；开丝筒，开水泵，调节好上下水嘴的出水。

单击"切割"，加工开始。根据面板电流表指针的摆动情况来合理调节变频（加工界面的右上角，"−"表示进给速度加快，"＋"表示进给速度减慢），调整原则是使电流表指针摆动相对最小，稳定地进行加工。

加工结束时自动停止，期间发生短路、断丝故障，设备自动停机，蜂鸣器发出警报声，提示操作者。

10.5　常见问题及分析处理

1. 图形保存名称、类型不符合设计要求

设计前建议保存图形名称为学号后四位，格式为 R12/L12.DXF 格式。存储名称使用汉

字或字符位数不能过多（不能多于 7 位）。

现象：在查找文件时，名称出现省略或乱码，造成查找文件困难。格式不正确，类型中的 DXF 格式被选中，造成读图时不能读出。

2. 存储时图形尺寸不符合要求

线切割加工时为控制加工成品的数量、质量，要求作品尺寸为 80mm × 80mm 左右大小。对设计不符合尺寸要求的需缩放到规定尺寸范围，学生在操作过程中未按要求操作导致图形过度偏离要求，会使加工不能进行。

原因：设计结束后未能对设计图形尺寸进行测量。

解决办法：用 CAD 中的"比例缩放"将作品调整至要求尺寸。

3. 图形本身不是单一路径的闭合曲线（即不是一笔画），中间出现线条交叉或断开

原因分析：使用 CAD 软件设计时，界面下方的"对象捕捉"设定的不合理或未打开。

解决办法：

① 要求在 CAD 设计过程中，先将对象捕捉建议打开全部选择项。

② 在使用 CAD 绘图过程中，将对象捕捉设置在打开状态。

③ 对已设计完成的图形断开部分重新连接，交叉部分可采用修剪命令对多余部分进行修剪，完成后检查图形，确认其为一笔画图形。

4. 完成所做图形后，尺寸适当，操作过程中出现"该步数据出错"的提示

原因分析：

① 图形本身存在问题。

② 操作过程中，指令输入出现误操作。

解决办法：图形在设备中读取后，进入到"引入线和引出线"步骤时，当选择完引入线终点后，所形成的黄色线段为虚线时，表明该图形存在缺陷，单击"ESC"键，返回主菜单，单击"缩放"，对线段终点处线条进行放大，检查存在的问题并进行修改，若"引入线和引出线"为黄色实线，则按操作指南继续操作即可。

5. U 盘插入后，不能读取数据或机器不能进行任何操作

原因分析：所带 U 盘可能携带病毒。

解决办法：更换 U 盘或重新启动设备。

6. 图形加工不完整

原因分析：

① 引入线、引出线位置不合理。

② 电极、工件初始放电位置选择不当。

解决办法：重新做引入线、引出线，调整初始放电位置。

10.6　电火花成形机加工简介

电火花成形加工是与机械加工完全不同的一种新工艺，其结构示意图如图 10-9a 所示，实物图如 10-9b 所示。其基本原理为被加工的工件为工件电极，石墨或者纯铜为工具电极。脉冲电源发出一连串的脉冲电压，加到工件电极和工具电极上，此时工具电极和工件均淹没于或喷淋在具有一定绝缘性能的工作液中。在自动进给调节装置的控制下，当工具电极与工件的距离小到一定程度时，在脉冲电压的作用下，两极间最近处的工作液被击穿，工具电极与工件之间形成瞬时放电通道，产生瞬时高温，使金属局部熔化甚至气化而被蚀除下来，形成局部的电蚀凹坑。这样连续不断地重复放电，工具电极不断地向工件进给，就可以将工具电极的形状复制到工件上，加工出所需要的和工具形状阴阳相反的零件。

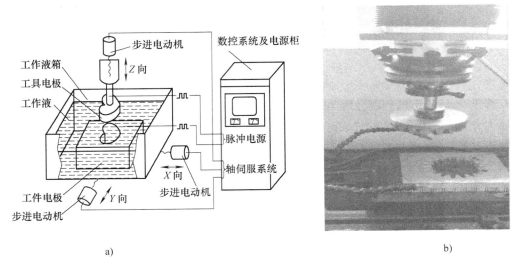

图 10-9   电火花成形机结构图

10.6.1   加工基本条件

1）工具电极和工件电极之间必须维持合理的距离。若两电极距离过大，则脉冲电压不能击穿介质，不能产生火花放电，若两极短路，则在两电极间没有脉冲能量消耗，也不能实现电腐蚀加工。

2）两极间必须有介质。电火花成形加工通常使用专用火花油作为工作液。

3）输送到两极间的脉冲能量密度应足够大。一般为 $105 \sim 106 \mathrm{A/cm^2}$。能量密度足够大，才可以使被加工材料局部熔化或者气化，被加工材料表面形成一个腐蚀痕，从而实现电火花加工。

4）放电必须是短时间的脉冲放电。一般放电时间为 $1\mu s \sim 1ms$，这样才能使放电时产生的热量来不及在被加工材料内部扩散，从而把能量作用局限在很小的范围内，保持火花放电的冷极特性。

5）脉冲放电须重复多次进行，并且多次脉冲放电在时间和空间是分散的。

6）脉冲放电后的电蚀产物应能及时排放至放电间隙之外，使重复性放电顺利进行。

10.6.2   主要应用

加工固定形状的异形孔或不通孔、塑料模具上的图案的加工。主要优点是加工成本低，自动化程度高。

操作步骤："开机"→"参数设定"→"设置零点"→"设置加工深度"→"开启冷却系统"→开始加工。

10.7　实习报告

1. 数控电火花线切割机床加工时的一次加工补偿量 f 与_____和_____有关，大小为两者之和，但是，多次切割的补偿量则要比此计算值略_____。

2. 数控电火花线切割机床编程的计量单位为_____。

3. 数控电火花线切割机床有_____四个轴，其中_____两轴用于平面加工，_____两轴用于异面加工。

4. 数控电火花线切割机床加工时，所选用的工作液为_____，电极丝为_____。

5. 电极丝的张力对运行时电极丝的振幅和加工稳定性有很大影响，因而在上电极丝或工作一段时间后，都应采取_____措施。

6. 为了得到更好的加工精度。获得低的表面粗糙度值，一般采用_____的加工工艺，在修刀过程中，应_____，从而减小电极丝的抖动；应_____与_____，减小耽搁脉冲的放电能量，降低表面粗糙度值。

7. 电火花线切割加工过程中，电极丝的进给速度是由材料的_____和_____状况好坏决定的。

8. 为避免火灾，在浸液式加工过程中应保持油液面高于加工表面_____ mm。

9. 电火花成形机脉冲宽度的单位是_____。

10. 在一定的工艺条件下，脉冲间隔 TB 减少，则加工电流_____，加工速度_____，电极损耗_____。但脉冲间隔过小，不利于排渣，易造成加工困难，严重时会造成_____。

11. 对于间隙电压，粗加工时选取_____，以利于提高加工效率；精加工时选_____，以利于排渣，一般情况下，由 EDM 自动匹配即可。

12. 加工过程中，操作人员不能一手触摸_____，另一手触摸_____，否则有触电危险，严重时会危及生命。所以操作人员脚下应铺垫_____。

13. 线切割加工时工件的加工流程是什么？

14. 简述电火花成形机加工工件的操作过程。

第 11 章 激 光 加 工

11.1 实习目的与要求

1. 课程基本要求

1）了解激光加工技术在机械加工中的应用、发展现状和市场前景。

2）熟悉激光加工技术的工作原理。

3）掌握激光雕刻机的组成部分与具体操作流程。

4）了解激光打标机设备的操作方法。

5）掌握激光内雕机的结构与具体操作方法。

6）了解三维照相机的原理及使用方法

2. 重点及难点

1）AutoCAD 制图软件的学习与应用。

2）激光雕刻机与激光内雕机的独立操作使用。

3. 教学设备

1）硬件设备：CLS3500 激光雕刻机（操作）、CLS8100 激光打标机（演示）、先临激光内雕机 + 三维人像扫描仪（演示 + 操作）。

2）软件：AutoCAD 软件。

4. 课前准备

1）参看教程，了解技术原理与基本设备构成。

2）熟悉 AutoCAD 软件。

11.2 激光加工概述

11.2.1 加工原理简介

激光加工技术是利用激光束与物质相互作用的特性对材料（包括金属与非金属）进行切削、焊接、表面处理、打孔及微加工等的加工技术。是一项涉及光、机、电、材料及检测等多学科的综合技术。

激光加工作为先进制造技术已广泛应用于汽车、电子、电器、航空、冶金、机械制造等国民经济重要部门。对提高产品质量、劳动生产率、自动化、无污染、减少材料消耗等起到越来越重要的作用。

常见的激光加工应用领域有：激光打孔、激光焊接、激光雕刻、激光热处理、激光涂敷、激光快速成形等（图 11-1）。

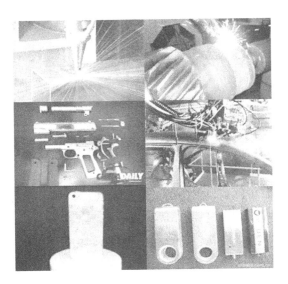

图 11-1　激光设备已广泛应用于各种领域

本实习只涉及激光雕刻加工技术。

激光雕刻技术是激光加工技术中的一种常见应用，它是以数控技术为基础，通过激光聚焦产生的热能使加工材料在激光照射下瞬间熔化和气化的物理变性，使表层物质的气化、熔化露出深层物质，或破坏材料晶格改变透光性等，以达到加工的目的。

激光雕刻加工使用的"刀具"是聚焦后的光点，不需要额外增添其他设备和材料，只要激光器能正常工作，就可以长时间连续加工。

激光雕刻加工由计算机自动控制，加工系统主要由导光系统、控制系统、检测系统、加工机床四部分组成。生产时无需人为干预，激光雕刻路径仅与计算机设计的内容相关，只要计算机设计出的图稿控制系统能够识别，那么加工机床就可以将设计信息精确还原在合适的载体上。

激光雕刻加工优点：

1）与材料表面没有接触，不受机械运动影响，表面不会变形。

2）不受材料的弹性、柔韧影响，方便加工软质材料。

3）加工精度高，速度快，成本低廉，应用领域广范。

11.2.2　相关设备

激光雕刻技术常见分类为激光切割、激光雕铣、激光打标、玻璃（水晶）内雕等。

国内市场的激光雕刻机大致可以分为：非金属激光雕刻机和金属激光雕刻机。非金属激光雕刻机又可分为：普通雕刻机、水晶内雕机和非金属打标机等；金属激光雕刻机可分为金属打标机和金属雕刻切割一体机等。

激光雕刻设备实际应用案例如图 11-2 所示。

11.2.3　激光打标（金属加工）讲解演示部分

激光打标机是用激光束在各种不同的物质表面打上永久的标记。打标是通过表层物质的

图 11-2　激光雕刻设备实际应用案例

蒸发露出深层物质，从而刻出精美的图案、商标和文字，工作原理如图 11-3 所示。

目前激光打标机主要应用于一些要求更精细、精度更高的场合。应用于电子元器件、集成电路（IC）、电工电器、手机通信、五金制品、工具配件、精密器械、眼镜钟表、首饰饰品、汽车配件、塑胶按键、建材和 PVC 管材。

图 11-3 是实习演示用镭神 CLS8100 激光打标机及工作原理。

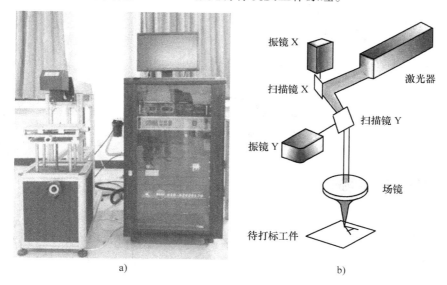

　　a)　　　　　　　　　　　　　　　　　　b)

图 11-3　实习演示用激光打标机及工作原理

（1）激光打标机软件操作步骤　将红光指示调整到工件表面（要打标的位置上），单击"停止红光"，单击"标刻"（图 11-4）（标刻过程禁止观看）直至标刻声音结束。

（2）激光雕刻设备安全注意事项。

1）严禁用眼睛直视激光束，以免对眼睛造成不可逆伤害。

2）设备工作时，禁止打开机盖，严禁人体任何部位接触激光光路，以免灼伤。

3）加工时打开气泵，保证室内通风，确保烟气排放出室内。

4）加工木质、纸质材料时，须注意加工速度以免起火。

5）尽量避免使用反射率高的材料，以防反射光损坏光路中的光学元件。

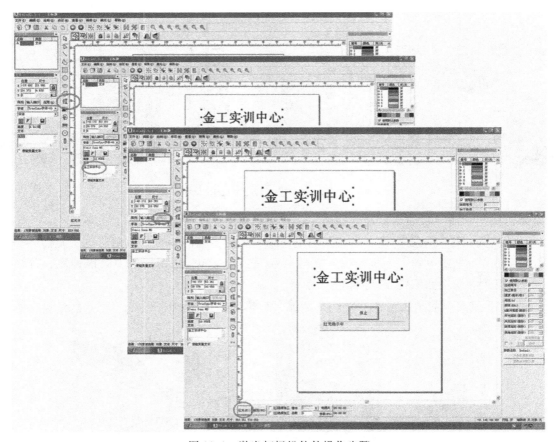

图 11-4　激光打标机软件操作步骤

11.3　激光雕刻实习

11.3.1　设备简介

实习所用雕刻机为镭神 CLS3500 激光雕刻切割机，结构组成如图 11-5 所示，主要工作原理为：

由微型计算机中的控制软件读入待加工文件→控制软件根据待加工文件生成驱动信号，由数据线传递到机床控制板→控制板将各路信号分配到相应的驱动器及电源处→得到控制板发来的信号后，驱动器驱动步进电动机旋转→步进电动机依靠传动带及传动轮带动 X 轴及激光头进行运动→得到控制板发来的出光信号后，激光电源以一定的占空比向激光管供电，使得激光管发出相应功率的激光→激光管射出的激光经过反射镜的三次反射后，由透镜聚焦，从激光头中射出，气化待加工的材料→随着激光头的移动及激光束对材料的烧蚀气化（图 11-5），完成对工件的切割。

11.3.2　实习操作步骤

（1）开启设备　注意设备开启顺序：开总闸→开机→开风机→开气泵（图 11-6）（关

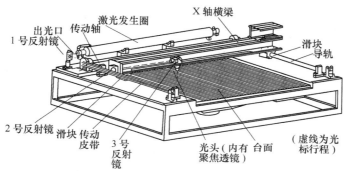

图 11-5　机床结构组成

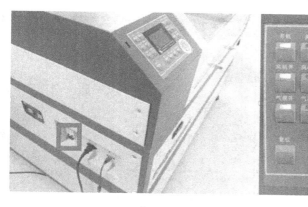
a)

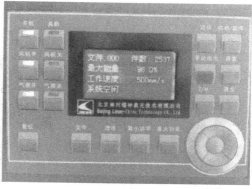
b)

图 11-6　激光雕刻机设备操作步骤

a) 开总闸（设备左侧）　b) 依次开启：机床→风机→气泵

机时逆向进行即可）。

（2）操作设备控制软件，进行雕刻　注意事项：根据希望达到的效果，预先思考好每个线条需使用的激光功率与激光速度，特别要注意调整图形大小在要求的大小之内。主要流程为：

1）设置尺寸（图 11-7）。

2）打开镭神软件，单击"设置"→"页面设置"，将页面尺寸设置为 100mm × 100mm（给定的木板大小）。

3）调入图片。

单击 "文件"→"导入"，导入已经用 AutoCAD 做好的图片。

请注意：如使用控制软件自身软件作图，将只能用"导入"文件，不能用"打开"文件。

4）添加边框。

为图片添加 100mm×100mm 外边框，调整图片大小（用工具栏的选中工具确定图片，利用鼠标滚轮进行缩放，按住图片中心的 "+" 拖动图片），使之存在于边框内。

5）设置雕刻参数。设置好图案雕刻所用激光功率与速度等雕刻参数。可以在同一图形上根据需求设置多种不同雕刻参数（使用不同颜色标识以示区分），以达到深浅不一的雕刻效果。

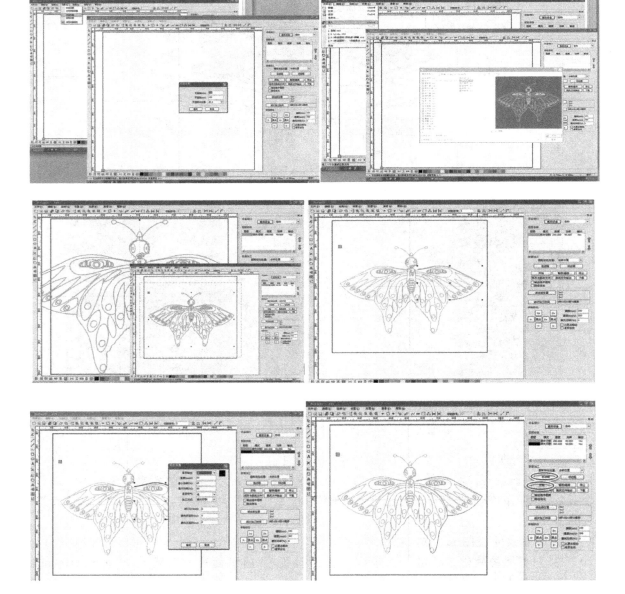

图 11-7　激光雕刻机软件操作步骤

难点：关于激光功率与速度的选择，涉及一些常用经验值，需日常积累。

请注意：设置好的数值要记得将输出改为"Yes"表示确认设置。

6）设置好边框切割所用激光功率与速度　举例：以课堂上雕刻一块 2mm 厚的椴木板图案为例（假设希望将木板切出边框并雕刻出非镂空图案，建议参数为：边框"速度 20，功率 10"；图案"速度 250，功率 25。"）

7）确认大小　单击"走边框"按钮，看图形是否在设置的木板大小之内，确认无误后单击"开始"即可开始雕刻，直至雕刻完成（图 11-8）。

图 11-8　学生作品

11.4　激光内雕机实习

11.4.1　设备简介

1）型号及设备参数。先临公司 XLELD2000C-E 高分辨率机型。

2）结构组成及工作原理如图 11-9 所示。激光内雕机是一个由计算机控制的可在水晶玻璃内部雕刻出二维或三维图形的系统。

高强度的激光束聚焦在水晶内部时，破坏水晶的晶格组织，形成不透明的微小缺陷，犹如激光束在水晶内部雕刻出一个微小点。因此，水晶内雕图形的成形原理为：控制激光焦点在指定的位置雕刻出细小的点而组成整幅图像，系统示意如图 11-10 所示。

如图 11-11 所示，水晶内雕图有平面图与三维图两种。三维图是计算机从图像的三维几何信息出发，通过对信息进行离散化处理（切片分层），将三维转为二维，再在高度方向堆集，形成三维图像。

3）设备配套软件。该设备自带三款配套软件，分别为图片转化软件 3D Vision、三维布点软件 3D Crastal 与雕刻控制软件 3D Craft–C。

① 3D Vision 软件的主要功能是：将导入的图片进行有效处理，使之成为设备可识别的三维数据（点云），实习过程中将提到其具体用法。

② 3D Crastal 软件主要用于大数据三维图的转换，因实习中无需使用，不做详细讲解。

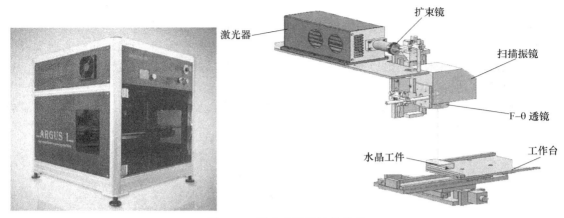

图 11-9　激光内雕机结构组成

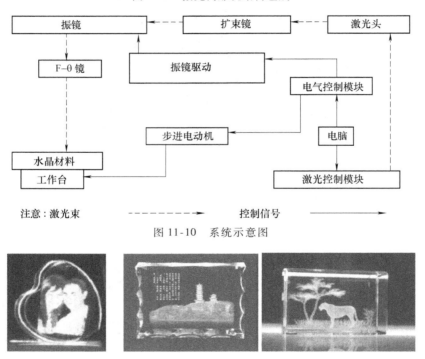

图 11-10　系统示意图

图 11-11　水晶内雕图

③ 3D Craft-C 是设备控制软件，用于雕刻前的最后步骤。实习流程中将提到其具体用法。

4）设备配套器材——三维照相机（因实习中仅做演示，不做详细讲解）

① 型号：先临 XL3DC-M1-401（图 11-12）。

② 最大取像范围：64cm×48cm（1～2 人）。

③ 分辨率：$8.2×10^{6}～1.4×10^{7}$。

④ 3D 重建角度：单方向 180°范围内真实成像。

⑤ 原理：相机记录下两个镜头成的像，然后通过内建的算法将其合成在一起，这样就能得到每一个成像点的距离信息，像素＋距离＝三维照片。

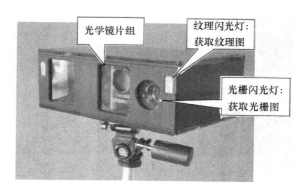

图 11-12　实习演示用先临 XL3DC-M1-401 三维相机

11.4.2　实习操作步骤

（1）设备开启　注意设备开启顺序：开电源→旋钥匙→开操作面板（关机时逆向进行即可）。

（2）图片处理　使用 PHOTOSHOP 软件将图片转化为黑白显示图，并按需要制作水晶外轮廓形状，将图片设置为可容纳于其内的相应轮廓形状（实习用水晶为六角形，故将图片设置为圆形较为稳妥），其余部分刷为黑色。使用"淡化"工具将图片上的过深部分进行淡化处理，存为图片格式。

（3）在 3D Vision 软件中设置参数（该项一般已由指导老师提前设置）　选择"点云"–"参数设置"（图 11-13），然后根据需要雕刻的水晶尺寸及机器特性设定参数。

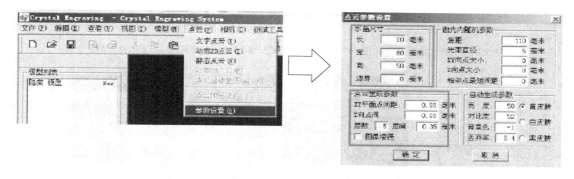

图 11-13　激光内雕机水晶尺寸设置

（4）在 3D Vision 软件中进行图片转化

1）选择"静态点云"→"图像"，导入准备好的平面图（图 11-14）。

2）选择"明快"，调节好图像"大小"、"亮度"、"对比度"等后，单击"预览"。

3）完成后单击"确定"生成数据。导出点云模型图（.DXF），即完成图片转换流程。

如需在图片上添加文字，则应在以上步骤完成后，单击图 11-14 中的"文字"后，按提示操作即可。生成完成后（图 11-15）保存。

（5）雕刻设置　打开 3DCraft-C 软件（图 11-16），导入前期处理好的 DXF 数据文件。选择数据文件后，等待片刻（等待时间的长短与文件的点数有关），待点云图像数据在显示窗口中显示之后，表示数据已经导入完毕。

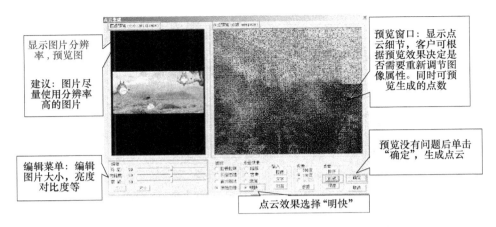

显示图片分辨率，预览图

建议：图片尽量使用分辨率高的图片

编辑菜单：编辑图片大小，亮度对比度等

预览窗口：显示点云细节，客户可根据预览效果决定是否需要重新调节图像属性。同时可预览生成的点数

预览没有问题后单击"确定"，生成点云

点云效果选择"明快"

图 11-14　激光内雕机数据生成

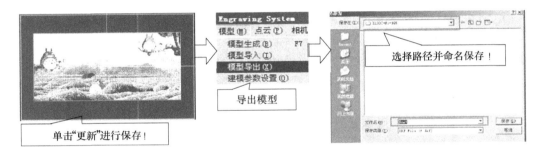

单击"更新"进行保存！

导出模型

选择路径并命名保存！

图 11-15　激光内雕机数据导出

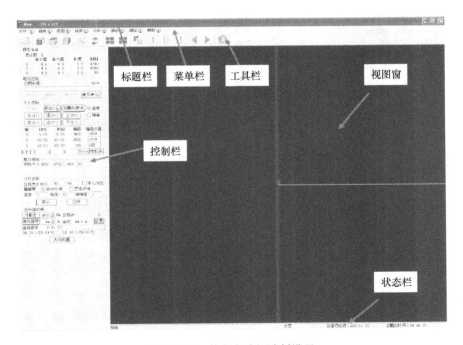

标题栏　　菜单栏　　工具栏

视图窗

控制栏

状态栏

图 11-16　激光内雕机雕刻设置

首次雕刻一个工件，需要设置工件尺寸，在控制栏中的"雕刻编辑"→"材料大小"中输入工件的长、宽、高值。然后单击"应用"保存参数设置。（如工件上表面大于 45mm×45mm，还应进行分块操作）。

（6）擦拭与摆放水晶　水晶上表面（即激光入射面）一定要擦拭干净，水晶摆放于工作台左后角位置，摆放一定要端正，俯视工件在工作台面上的放置方式，应与工件框在显示器中的显示方式一致。

（7）系统复位，开始雕刻　首次雕刻时，需要在 3DCraft-C 软件中单击"复位"，工作台会自动移动到焦平面的位置。再单击"开始"按钮，进行雕刻。雕刻完成后，工作台会自动恢复到初始位置。雕刻完成品如图 11-17 所示。

图 11-17　作品展示

11.5　实习报告

一、填空题

1. 激光加工设备主要包括电源、_____、_____、_____等部分。

2. 使用二氧化碳气体激光器切割时，一般在光束出口处装有喷嘴，用于喷吹_____等辅助气体，以_____。

3. 为保证雕刻的精度和深度，要具备的两个条件是：_____、_____。

4. 激光内雕的原理是光的_____现象。

5. 激光切割机系统一般由_____、_____、_____、_____、和_____等部分组成。

6. 激光雕刻机操作步骤如下：①接通电源；②打开_____；③打开_____；④打开控制系统和工作台。

7. 根据对激光雕刻机设备的理解填写下面部件的作用：

1）聚焦系统：_____。

2）导光系统：_____。

3）水冷系统：_____。

8. 看下面的激光内雕机原理图（图11-18），在方框内填出部件名称。

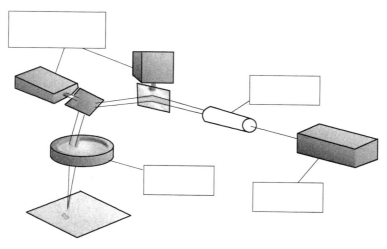

图 11-18　题图

二、简答题

1. 激光加工有哪些其他方法所不具备的特点？

2. 激光内雕机的具体工作原理是什么?

3. 简述激光切割原理及工艺。

第 12 章　三维快速成形

12.1　实习目的与要求

1. 课程基本要求

1）了解逆向工程技术、应用与市场前景。

2）了解快速成形技术、应用与市场前景。

3）熟悉三维扫描仪及快速成形机的工作原理。

4）熟悉实习用三维扫描仪的设备组成、扫描条件及操作流程。

5）熟悉实习用快速成形机的设备组成及操作方法。

6）了解常用逆向工程软件及三维建模软件的基础操作方法，培养软件自学能力。

2. 课程重点

1）掌握扫描仪与快速成形机的操作方法。

2）团队协作完成三维建模设计。

3. 课程难点

1）工业三维扫描仪的扫描技巧。

2）三维建模软件的快速入门及灵活应用。

4. 课前准备

1）参看教程，了解技术原理与基本设备构成。

2）按教程要求每人准备一件扫描物品（5cm × 5cm < 物品体积 < 10cm × 10cm）。

3）熟悉 SolidWorks 三维建模软件。

12.2　三维快速成形概述

12.2.1　技术简介

三维快速成形（Rapid Prototyping，简称 PR）是 20 世纪 80 年代发展起来的，它综合了机械工程、计算机辅助设计（Computer Aided Design，简称 CAD）、数控技术、激光技术及材料科学技术，可以自动、直接、快速、精确地将设计思想转变为具有一定功能的原型或直接制造零件，从而大大缩短产品的研制周期。因而，被认为是近年来制造领域的一个重大突破，其影响力与数控技术相当。

三维快速成形技术细分起来又包括正向工程技术与逆向工程技术两类。

三维快速成形技术中的正向工程技术（Forward Engineering，简称 FE）是指使用计算机辅助设计软件进行三维虚拟建模，然后用 3D 打印机实现虚拟模型实体化的过程，是一个"从无到有"的流程。

三维快速成型技术中的逆向工程技术（Reverse Engineering，简称 RE）又称为"反求工程"或"虚拟重建技术"，与正向工程技术的产品设计流程正好相反，是一个"从有到无"的过程（图 12-1），即通过对已有产品实物进行测绘和分析，得到实物的外观数据信息，然后进行实物复制或再创造的过程（包括功能、性能、方案、结构、材质等多方面的逆向）。对象既可以是整机，也可以是零部件或组件。

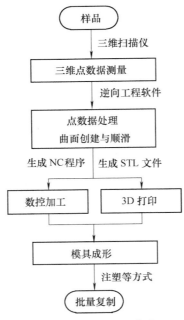

图 12-1　逆向工程技术流程

现在逆向工程已经发展成一种可以通过 3D 扫描现有部件的实际尺寸（甚至包括外部色彩信息），进而建立三维虚拟 CAD 模型的过程。如三维激光扫描仪、结构光源转换仪或者 X 射线断层成像都可以作为 3D 扫描技术进行数据采集。这些测量后所得到的原始数据为点集，经过数据处理软件的重新计算和分析之后，构成可以用来进一步加工的 CAD 模型。因此，该技术也可认为是"将产品样件转化为 CAD 模型的相关数字化技术和几何模型重建技术"的总称。

12.2.2　相关设备

（1）三维扫描设备（Three Dimentional Scanner System）　三维快速成形及逆向工程技术中物体三维轮廓数据的准确获取是整个反求工程的关键所在，而物体三维轮廓数据的准确获取主要是通过三维扫描来实现。图 12-2 为三维扫描仪的分类。

三维扫描技术于 20 世纪 90 年代中期开始出现，至今不过 20 余年。是集光、机、电和计算机技术于一体的高新技术，主要用于对物体空间外形和结构进行扫描，以获得物体表面的空间坐标。三维扫描的重要意义在于能够将实物的立体信息转换为计算机能直接处理的数字信号，为实物数字化提供相当方便快捷的手段。

生活中常接触的扫描仪主要有激光式扫描仪、CT 断层式扫描仪、光栅照相式扫描仪三种。（如图 12-3 所示）。

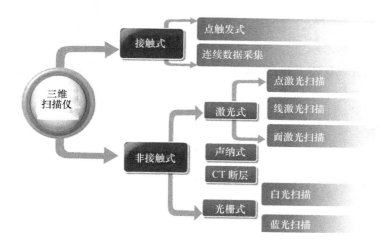

图 12-2　三维扫描仪分类

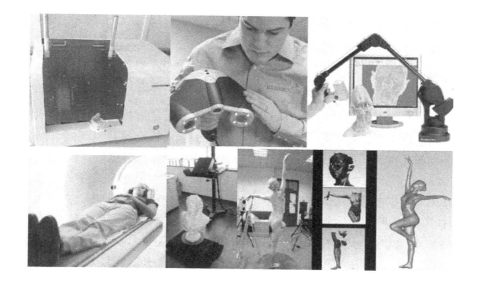

图 12-3　市面常见的三维扫描仪

1）激光式扫描仪。光源为激光，其测量原理主要分为测距、测角、扫描、定向四个方面。其不足之处在于：不适合脆弱、易变质物品及人像的扫描，同时，由于激光线扫描原理所决定，要扫描一个物体必须由线到面、由面到立体经过数万次拼接，其精度的损失是难以避免。因此，就精度这个指标来说，同第三代激光面式扫描仪或光栅式扫描仪是不可相提并论的。

2）CT 断层式扫描仪（X-Ray Computerized Tomography Scanner = CT，即计算机技术 + X 射线断层摄影技术）。该扫描仪在医院透视间及安检设备上常可见到。

3）光栅照相式扫描仪。这是目前市面上使用最多的工业型扫描仪。使用该原理的扫描仪以非接触三维扫描方式工作，全自动拼接，具有高效率、高精度、高寿命、高解析度等优点，特别适用于复杂自由曲面逆向建模，主要应用于产品研发设计（RD，如快速成形、三维数字化、三维设计、三维立体扫描等）、逆向工程（RE，如逆向扫描、逆向设计）及三维检测，是产品开发、品质检测的必备工具。

三维扫描测量设备目前在工业生产的常见应用有：工业产品的检测与测量、产品及模具的逆向工程（汽车、航空、家电工业）；零部件形状变形检测、形状测量、研究测量、工业在线检测；工业产品造型中的逆向三维重构；设计的物理模型转换成数字模型；工业品的解析与仿制；工业研究实验的检测工具；模具设计与检测领域等。

（2）3D 打印机（3D Printers）　三维工件快速成形工艺过程如图 12-4 所示，主要为：

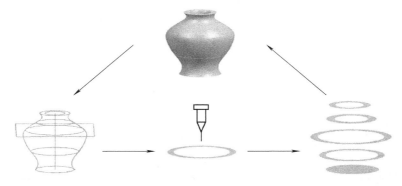

图 12-4　三维快速成型工艺过程示意图

1）利用快速成形机的软件对 CAD 模型进行分层切片，得到各层截面的二维轮廓图。

2）按照这些轮廓图进行分层自由成形，制成各个截面轮廓薄片。

3）将这些薄片逐步顺序叠加堆积成三维工件实体。

实现三维快速成形工艺的机器叫做 3D 打印机（又称快速成形机或自由成形机、增材制造机等），具体而言就是由 CAD 模型直接驱动，快速制造任意复杂形状三维物理实体的机器。与普通打印机原理类似，快速成形机将特殊材料（液体、粉末、塑料丝等）作为耗材，通过立体光刻、熔融沉淀、激光烧结、三维喷射熔化树脂等技术将电脑中的三维设计蓝图变成实物，与传统加工设备最大的不同为：在人类历史的大部分时间里，通过切割原料制造新的实体物品，而 3D 打印机则是依据计算机指令，通过层层堆积原材料制造产品，其独特的制造技术让我们能够生产前所未有的各种形状的物品。因此 3D 打印的技术名称是增材制造，这非常恰当地描述了 3D 打印机的工作原理。

目前已有多种商业化的工艺形式，即熔融挤压成型（FDM）、光固化成型（SLA）、分层实体制造（LOM）、选域激光粉末烧结（SLS）、形状沉积成型（SDM）、基于喷射的成型技术（Jetting Technology）以及多相喷射沉积（MJD）等，如图 12-5 所示。

12.2.3　相关软件

（1）逆向工程软件　逆向工程软件是针对三维扫描数据信息的一款扫描后处理软件。三维扫描测量设备得到点云后，可通过逆向工程软件将物体的众多点云生成三维模型网络，最终绘制成网格。这些网格通常由三角形、四边形或其他简单凸多边形组成，这样可以简化

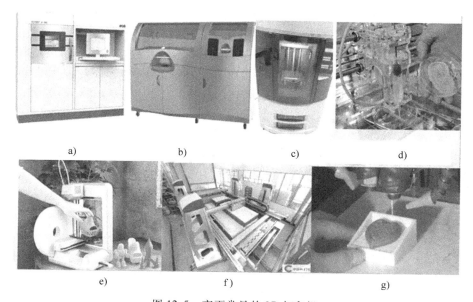

图 12-5　市面常见的 3D 打印机

a）金属粉末烧结系统　b）彩色粉末烧结打印机　c）熔融型工业机　d）活细胞打印机
e）小型桌面机　f）超大型打印机　g）食品专用打印机

渲染过程。在得到网格信息后，还可以将物体的纹理按照特定的方式映射到物体表面上，这样使物体看上去更真实（纹理既包括通常意义上物体表面的纹理，即使物体表面呈现凹凸不平的沟纹，同时也包括在物体的光滑表面上的彩色图案，也称纹理贴图）。即通过对物体拍摄得到的图像进行加工，再经过各个网格上的纹理映射，最终形成三维模型。

由此可见，逆向工程软件的作用主要有以下几点：①点创建过程：读入点阵数据。②曲线创建过程：判断和决定生成哪种类型的曲线。③曲面创建过程：决定生成那种曲面。④在曲面上附加纹理贴图。

目前使用最多的逆向工程软件有：RapidForm、CopyCAD、Geomagic Studio、Imageware 等，它们也被称为世界四大逆向工程软件。

（2）计算机辅助设计软件　快速制造机需要识别的是三维模型图，三维模型由计算机辅助设计软件中的三维建模软件生成。目前市面上常见三维建模软件有：CATIA、Solidworks、UniGraphics（UG）、AutoCAD、Pro/Engineer（Pro/E）等。各种三维建模软件各有强项，例如：Solidworks 非常适合初学者入门学习，他和 Pro/E 都比较适合中小企业快速建立较为简单的数模，而 UG 比较适合大型的汽车、飞机厂建立复杂的数学模型。有时人们也可以采用混合建模的方式来达到最佳设计效果，例如当零件较大、较复杂的时候，加工一般用 UG 做好数模，Cimatron 做粗加工，UG 精加工。

12.3　三维扫描仪实习

12.3.1　设备及软件简介

（1）型号及主要功能（图 12-6）　实习所用扫描仪为韩国 SolutionixRexcan-Ⅲ工业级三

维扫描仪，这是一种高速高精度的模型虚拟化设备。与传统的三维扫描仪不同的是，该扫描仪能同时扫描一个面，而并非仅仅一个点或者一条线。

Rexcan-Ⅲ设备可随意搬至工件位置进行现场测量，并可调节成任意角度进行全方位测量，对大型物件可分块测量，测量数据可实时自动拼合，非常适合各种大小和形状物体（如汽车，摩托车外壳及内饰，家电，雕塑等）的测量。

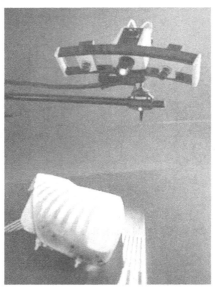

图 12-6　韩国 Solutionix 工业级三维扫描仪

（2）工作原理（图 12-7）　该款扫描仪采用的是目前国际上最先进的结构光非接触照相测量技术。具体而言，其原理为：由光栅投影装置将数幅特定编码的结构光（光栅条纹）投射到被测件表面，受被测物体表面高度的限制，光栅影线发生变形，利用成一定夹角的摄像头同步采得不同角度的图像（面扫描），通过解调变形光栅影线，对图进行解码和相位计算，并利用匹配技术、三角形测量原理，算出两个摄像机公共视区内像素点的三维坐标。

在照片的快速有效拼接方面，该技术采用的方法是标志点拼接法，即利用两次拍摄之间

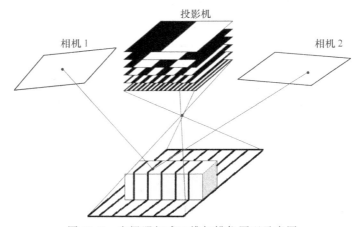

图 12-7　光栅照相式三维扫描仪原理示意图

的公共标志点信息来实现两次拍摄数据的拼接。实际操作中，需要每张图片与之前任意图片有 4 个以上的重合点，这就要求操作者在粘贴标志点前事先考虑好扫描角度、照片顺序等问题。同时还应注意到：外表面过于复杂物体与薄片状物体扫描难度大，初级练习选择扫描物时应酌情避免。

12.3.2　实习操作步骤

（1）开机中启动电脑→打开主控机→摘镜头盖→开遥控器（长按电源按钮）。

（2）开软件　点开 Ezscan7 软件，其软件界面如图 12-8 所示。单击左 1 球形图标连接，单击左 3 激光图标开激光器。

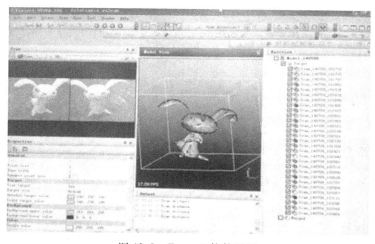

图 12-8　Ezscan7 软件界面

（3）试拍　在视场转盘中央放置待测物体，调整好视线高度，并让激光点聚焦（激光点间距不大于 3mm，双人配合），试拍，看是否可成像。

（4）贴公共标识点　分析扫描物拍摄难点，确定扫描角度顺序，为其表面贴标志点（标志点应贴于平面上，避开拐角边线）。如遇透明、光滑、金属表面、深色黑色表面、透明物体，均需喷显影剂。

（5）开始扫描　边转动物体边用遥控器控制扫描全套照片（注意幅度），直至扫描图完整。在扫描中，有几种情况会造成图片分析错误或失败：①镜头晃动；②照片区干扰；③未找到 4 个公共点；④未聚焦。如遇高拍摄难点，应注意调整摆放角度，进行精准聚焦，耐心尝试。

（6）扫描结束

1）检查。检查拍摄效果，删减取像不佳的图片。

2）保存。左键选中该目标组组名，并于"Tool"菜单中找到"Volume merge"（即"体积合并"），并选中"Default"（即"默认"）进行确认。

3）导出最终图像，单击"Export"，导出为 .STL 格式。

4）整理。摘除扫描物标志点；捡除地面、盘面、桌面散落标志点；关遥控器（长按电按钮）；关激光→关软件→关主控机→关电脑→盖镜头盖。

（7）图像后期处理　通过扫描仪录入点云信息后，可通过逆向工程软件对缺损处周边点云信息进行智能复制，从而补全缺失处点云数据，处理完成后的点云信息可以直接输入快速成形机进行打印。实际实习过程中，该步骤不要求掌握，仅需了解，图像后期处理如图 12-9 所示。

图 12-9　图像后期处理

12.4　3D 打印机学习

12.4.1　设备简介

（1）性能参数　实习用 Einstart 3D 由杭州先临三维科技有限公司生产，携带方便、操作简易。

1）成形空间。160mm×160mm×160mm，层厚控制：0.15~0.35mm。

2）运动速度。60mm/s，定位精度：0.01mm。

3）模型材料。PLA（18 色可选）。

（2）设备结构　Einstart 3D 打印机正面及侧面图如图 12-10 所示。

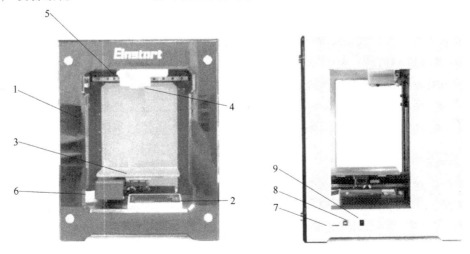

图 12-10　Einstart 3D 打印机正面图及侧面图

1—框架　2—操作面板　3—打印平台　4—打印头（喷嘴）　5—散热风扇　6—料盘架

7—sd 卡座　8—Usb 插座　9—电源接口

（3）工作原理　该设备采用了熔融沉积制造（Fused Deposition Modeling，FDM）工艺，该工艺由美国学者 Scott Crump 于 1988 年研制成功。FDM 的材料一般是热塑性材料，如蜡、ABS、尼龙等。以丝状供料，材料在喷头内被加热熔化。喷头沿零件截面轮廓和填充轨迹运动，同时将熔化的材料挤出，材料迅速凝固，并与周围的材料凝结，如图 12-11 所示。

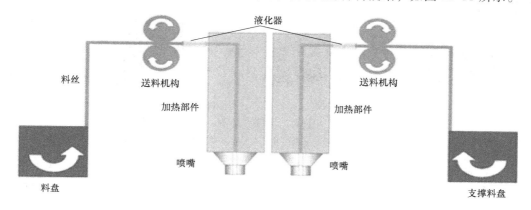

图 12-11　FDM 技术原理示意图

该工艺的优点是：①热融挤压头系统构造原理和操作简单，维护成本低，系统运行安全；②成形速度快，用熔融沉积方法生产出来的产品，无需 SLA 中的刮板再加工这一道工序；③用蜡成形的零件原型，可以直接用于熔模铸造；④可以成形任意复杂程度的零件，常用于成形具有很复杂的内腔、孔的零件；⑤原材料利用率高，且材料寿命长。

该工艺的缺点是：①成形件的表面有较明显的条纹；②沿成形轴垂直方向的强度比较弱；③需要设计与制作支撑结构；④需要对整个截面进行扫描涂覆，成形时间较长。

12.4.2　实习操作步骤

1）分组设计三维模型。以小组为单位设计三维模型，完成建模。

2）将设计好的三维模型图存为 .stl 文件格式，并存于 3D 打印机联机电脑的桌面上。

3）清理建模托盘。用自来水冲洗 3D 打印机的建模托盘，直至其上表面手感光滑平顺，擦干待用。

4）开电源。打开 3D 打印机机器右侧下方电源开关，等几秒钟，灯亮。

5）开机器。长按电子面板（图 12-12a）中央的"OK"键，直至"Welcome"字样出现。

6）连软件。在电脑上打开 3Dstart 软件，并成功连接设备。（图 12-12b）

7）设温度。在软件的"设备控制"栏设置打印机温度：要求喷嘴温度 195℃，平台温度 0℃，设置后单击"设置温度"按钮确认。

8）模型编辑。打开文件，进入"模型编辑"栏，选中图像，按需求对其进行缩放、旋转、移动等操作，最后设置"移动：到平台、到中心"。

9）生成路径。对话框选定打印模式（Fast 最粗糙最快，Quality 最精细最慢）→材料"PLA"→选择"支撑形式"（根据图形自己判断，尽量选无支撑）→选择支撑形式则"打印基座"→不选择支撑形式则"立刻打印"。

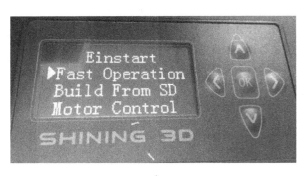
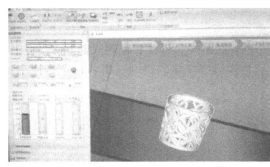

a)   b)

图 12-12　操作步骤

a）电子面板　b）3Dstart 软件界面

10）抹胶。保存完成后检查打印时间，如确定打印，用铲刀在平台中心涂抹少量胶水至透明状（抹胶水的面积依模型大小设定），如时间太长，重复步骤⑧、⑨，改换相应参数后重新生成路径。

11）开始打印。单击"开始打印"即完成操作设置。

12）去除支撑材料。打印结束后借助铲刀与小钳子摘除模型基座与支撑材料（特别注意：务必戴手套，以免弄伤手掌；在用钳子去除细微支撑时要注意远离眼部，以免剥离物弹射到眼睛而造成伤害）。图 12-13 所示为作品完成实例。

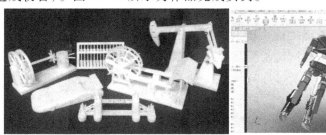
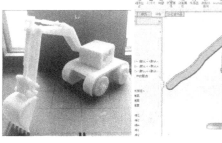
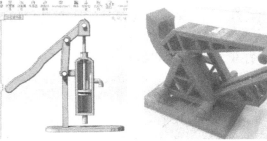

图 12-13　作品展示

12.5　实习报告

1. 填空题

1）三维扫描仪分为_____式与_____式两类，其中后者又包括照相式和激光式两种。

2）标志点贴法应注意每张照片要与之前任意照片有_____个以上的相同标志点。

3）标注三维扫描仪设备（图 12-14）结构：

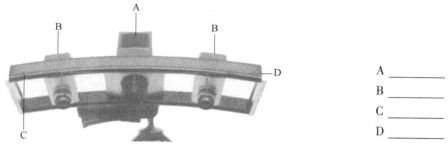

A _____
B _____
C _____
D _____

图 12-14　三维扫描仪

4）三维工件的自由成形过程如下：

① 利用自由成形机的软件对 CAD 模型进行_____，得到各层截面的二维轮廓图。

② 按照这些轮廓图进行分层自由成形，制成各个截面_____。

③ 将这些薄片逐步_____成三维工件实体。

2. 简答题

1）什么是逆向工程？

2）简述 3D 打印的优势。

3. 思考题

1）寻找日常生活的 3D 打印产品。

2）畅想未来，你希望自己能拥有一台怎样的 3D 打印机（功能、技术、外观）？

参 考 文 献

［1］ 王志海，罗继相，舒敬萍. 机械制造工程实训 ［M］. 北京：清华大学出版社，2010.

［2］ 技能士之友编辑部. 日本经典技能系列丛书 ［M］. 徐之梦，译. 北京：机械工业出版社，2014.

［3］ 刘燕，信丽华. 现代制造技术实训教程 ［M］. 北京：清华大学出版社，2011.

［4］ 傅水根，李双寿. 机械制造实习 ［M］. 北京：清华大学出版社，2009.

［5］ 王国华，胡旭兵，李积武，等. 金工实习教程 ［M］. 北京：清华大学出版社，2012.

［6］ 王建勇，康永平. 新编计算机绘图基础教程 ［M］. 北京：兵器工业出版社，2006.

［7］ 高琪，等. 金工实习教程 ［M］. 北京：机械工业出版社，2012.

［8］ 魏永涛，王海飞，毛云秀. 数控加工与现代加工技术 ［M］. 北京：清华大学出版社，2011.

［9］ 张学政，李家枢，等. 金属工艺学实习教材 ［M］. 北京：高等教育出版社，2011.